平顶四坡折板结构力学性能研究

杨 艳 著

黄河水利出版社

·郑 州·

图书在版编目(CIP)数据

平顶四坡折板结构力学性能研究／杨艳著. -- 郑州：
黄河水利出版社，2024. 8. -- ISBN 978-7-5509-3991-2

Ⅰ．TU330.1

中国国家版本馆 CIP 数据核字第 2024WR4449 号

组稿编辑：韩莹莹　电话:0371-66025553　E-mail:1025524002@qq. com

责任编辑　郭　琼　　　　　责任校对　兰文峡
封面设计　黄瑞宁　　　　　责任监制　常红昕
出版发行　黄河水利出版社
　　　　　地址:河南省郑州市顺河路 49 号　邮政编码:450003
　　　　　网址:www. yrcp. com　E-mail:hhslcbs@ 126. com
　　　　　发行部电话:0371-66020550
承印单位　广东虎彩云印刷有限公司
开　　本　890 mm×1 240 mm　1/32
印　　张　5. 25
字　　数　156 千字
版次印次　2024 年 8 月第 1 版　　2024 年 8 月第 1 次印刷
定　　价　48. 00 元

前　言

　　随着科学技术的进步与发展和现代人们审美水平的提高,折板结构作为一种重要的结构元件,在建筑、水利、动力、交通、工业、机械等领域均有大量的应用。折板结构分析是现代固体力学的一个重要分支,这门学科与一切工程设计都有关联,对结构设计尤其具有指导意义。

　　折板结构是由若干块平板组合而成的空间薄壁结构,折板的性能、高度、斜度和跨度之间的关系决定了结构的刚度和强度。本书采用理论分析与结构模型试验相结合的方法,针对边界条件为对边简支对边固支的平顶四坡折板力学性能进行初步研究,主要通过对有机玻璃模型结构进行静载试验和有限元模拟分析来实现。本书内容包括折板结构的理论计算、模型试验、ANSYS 有限元计算软件模拟计算等。本书完成了工程结构模型试验的设计、制作,模型结构静力试验加载模拟,模型结构试验的量测,试验数据采集与处理以及结构的现场检测与评价等。主要工作如下:

　　(1)基于国内外折板结构及实际应用情况的研究,初步探讨了折板结构计算方法及扁壳理论应用,依据结构模型试验的理论基础,制作了有机玻璃结构模型试件和其他辅助试件,测试了材料弹性模量、泊松比等。

　　(2)对边界条件为对边简支对边固支的不同厚度平顶四坡折板结构进行了静载试验,对其特殊截面和位置的应力、应变、位移进行分析,确定了相应的危险截面及破坏发生的部位、方式、条件、影响因素。

　　(3)运用 ANSYS 有限元计算软件对不同厚度平顶四坡折板结构进行了数值分析,并与试验结果进行对比,验证了模型的正确性。

　　(4)基于 ANSYS 瞬态分析技术,研究了对边简支对边固支平顶四坡折板结构在地震波作用下的力学性能,得到了折板结构位移和应力的变化情况。

(5)总结试验过程中的各种情况,针对在试验中出现的一些问题和试验测量数值的不稳定性,提出合理化建议,为平顶四坡折板结构系统设计提供理论依据和设计参考。

本书在撰写过程中参考了行业内的相关文献资料,从中汲取了宝贵的经验。在此,对这些著作的作者表示衷心的感谢!本书可供从事平顶四坡折板结构的咨询、设计和施工技术人员参考。

由于时间仓促、水平有限,书中不足之处在所难免,敬请广大读者批评指正!

作　者

2024 年 6 月

目　录

第 1 章 绪 论

1.1　引　言

随着科学技术的进步与发展和人们生活水平的不断提高,工业生产、文化、体育等事业的不断进步,社会对大跨度建筑的需求逐渐增加,如大型影剧院、体育场馆、飞机场候车厅、展览馆等。然而生活中人们所熟知的刚架、桁架、梁等,由于受其自身结构特点的限制,很难跨越大的空间,越来越多的已有建筑规模和功能不能满足新的使用要求,而空间结构是解决大跨度建筑结构最理想的一种结构。凡是建筑结构的形体成三维空间并具有三维受力特性、呈立体工作状态的结构均称为空间结构。空间结构充分利用三维几何构成,结合自身合理的形体,发挥不同材料的性能优势,以适应不同建筑造型和功能的需要,跨越更大的空间,具有受力合理、重量轻、结构造型美观、生动活泼、形式多样等特点。由于其结构的优点及造型美观,常常被建筑师和工程师所采用,如图 1-1、图 1-2 所示。空间结构对现代建筑产生了重大的影响,世界各国也都十分重视这一领域的研究和发展,它在很大程度上反映了人类建筑史的发展。

按照传统的空间结构形式和分类方法,空间结构可以分为薄壳结构、网架结构、网壳结构、悬索结构、薄膜结构五大类。近年来,国内外空间结构蓬勃发展,建筑造型新颖、形式和种类繁多,按照传统空间结构的分类方法已很难包络和反映现有各种形式的空间结构。董石麟院士提出了按照所组成空间结构的基本构件或基本单元(板壳单元、梁单元、杆单元、索单元和膜单元)对空间进行分类的方法,如图 1-3 所示。

图 1-1　国家体育馆

图 1-2　国家游泳中心

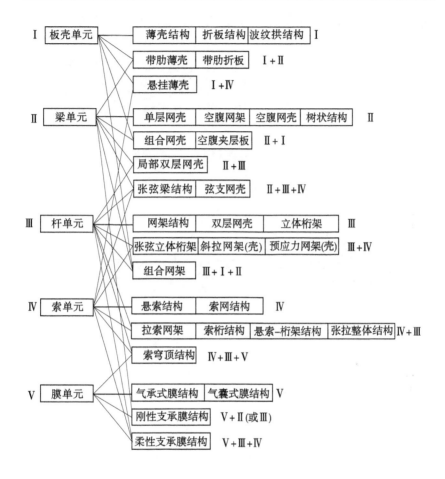

图 1-3　空间结构按基本单元组成分类

目前发展最快、应用最广泛的空间结构之一就是空间折板结构。折板结构是由若干块平板组合而成的空间薄壁结构,具有板和薄壳结构各自固有的特性,覆盖面积广、空间整体性能好,具有丰富的表现力,变化无穷,有利于结构形式与建筑功能相统一。通常情况下,采用钢筋混凝土或钢丝网水泥建造,也可预制装配,节省模板,构造简单,多用来建造大跨度屋顶或外墙等,是一种很有发展前途的空间结构,如图 1-4 所示。

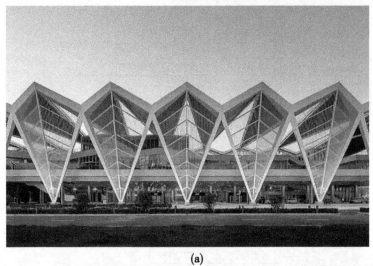

(a)

(b)

图 1-4 折板结构

1.2 折板结构概述

1.2.1 折板

折板会将其承受的荷载以拉力、压力、剪力的形式传递到支撑点，而弯曲应力只发生在折板上。但折板折与折间的距离很小，尤其相对于折板真正的跨距，而折板的弯曲应力相对于折板所承受的拉力及压力微不足道。折板适用于均布荷载，也可做成不对称的形状。其使用材料多半为钢筋混凝土，但也可使用夹板、金属或玻璃纤维，折板在结构上的优点近似薄壳结构，非常适用于房屋屋顶的构造。折板的结构特性也与其长度有关，短折板长轴较短，长折板长轴较长。短折板通常在角落被支撑，有的折板两端为三铰拱，拱间的折板作用犹如楼板；有的两端为梁，中间为一系列的三铰拱，如图1-5所示。

长折板在长向作用所受的弯曲应力和梁类似，上部受压力，下部受拉力，如图1-6所示。折板的水平、垂直剪力可抵抗弯曲应力，压力和拉力的方向互相垂直，如图1-7所示，应力的疏密即表示该区域的受力状况，愈密表示受力愈大。折板必须加强其边缘以防挫曲及水平推力，也可使折板在不同载重下仍能维持其形状。相邻折板的水平推力可互相抵消，仅两端的折板需抵抗水平推力。

1.2.2 折板结构

折板结构普遍存在于日常生活中，例如人们所看到的折叠屏风和手风琴的风箱，以及少数植物生长的有肋状主脉或扇形叶片，这些都会让人联想到折板结构。折板结构具有波浪起伏的外形特点，在建筑造型上也别有一番韵意，从建筑学的角度来看有其独特之处，从结构的角度来讲也具有很多的力学优点。

其力学优点可以用下面这个简单的试验来进行说明：一张非常平整的纸，一般认为它的弯曲强度几乎为0，直接放在有一定距离的两块板上，它会很容易地掉下来，可以说它连自己的自重都支撑不住［见

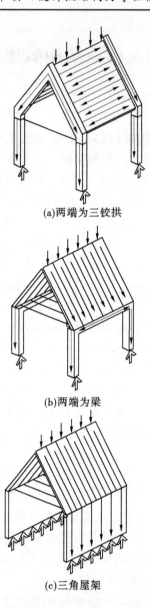

(a)两端为三铰拱

(b)两端为梁

(c)三角屋架

图 1-5　短折板的结构特性

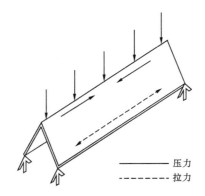

图 1-6 长折板的受力特性

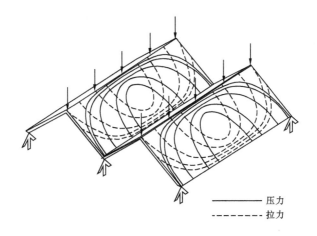

图 1-7 长折板的应力分布

图 1-8(a)],更不用说来承受其他的荷载了。但同样是一张纸,如果将它沿着跨度方向折叠成很多平行的折,就像手风琴的风箱一样,它就具有了一定的强度,再将它的两端放在板上,它就能承受远远大于其自身荷载的荷载[见图 1-8(b)]。

如果将荷载增大到突变点,这个结构就会由于折页下坍而破坏。这里有一个简单的方法可以防止折页的坍坏,就是在纸的两端用一条硬纸板来进行加强,称加劲板,如图 1-8 所示,那么这张折叠的纸就能承受更大的荷载,假定加劲板搁在支座上面,则这类横向加劲板在折板结构中便非常重要。

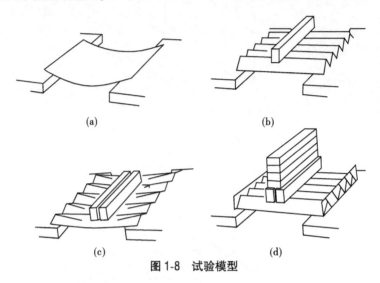

(a)

(b)

(c)

(d)

图 1-8　试验模型

折板结构是由若干块平板组合而成的一种空间薄壁结构,它由最简单的相互平行的折板逐渐演变成为组合形折板,而应用在多种建筑平面上,有些复杂的演变成拱形,具有良好的受力性能,而且能够很好地解决工程实际问题,从而使建筑物具有造型艺术的特点。折板结构具有折板和壳体各自的优点,在我国是一种应用很广泛的空间结构形式,它受力合理,建筑造型美观,施工方便,具有很大的发展空间。

随着工程技术和试验研究的不断发展,折板结构作为一种重要的结构元件,在建筑、水利、动力、交通、工业、机械等领域均有大量的应用,例如屋盖,折板结构的屋盖厂房有多种形式,如单跨、多跨、高低跨、锯齿形等;在民用建筑中,如平房、楼房也均有应用;在公共建筑中,如礼堂、车站、电影院、体育场看台等也有所采用。实践证明,折板结构屋盖有很多优点,符合经济适用、施工简便的要求。仅以屋盖本身来比较,一般可节省钢材 20%左右、混凝土 30%左右、木材 60%左右;就施工而言,工艺简单,便于操作;就材料而言,品种规格少,供应方便,加工简单。在应用范围上,折板结构已经由当初的屋盖发展到折板墙体、折板楼板、折板挡土墙、折板基础及折板大型悬臂结构等工程。

目前常见的折板形式主要有 V 形、拱形、组合形等。折板结构大致分为 5 类:①单折板、平行折板;②相反连接折板;③锥形折板;④角锥形折板;⑤组合结构(组合成刚架、组合成拱形、相互贯穿的折板面组成的结构体系),如图 1-9 所示。

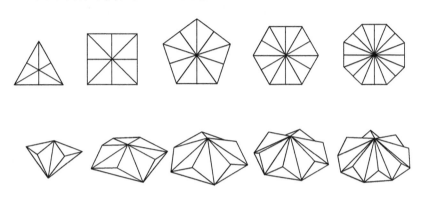

图 1-9 常见的折板形式

由于折板结构形式多样,具有其独特的外形,大大增强了建筑造型的艺术体现。因此,折板不仅在建筑物的主体屋盖上有所使用,而且在近代建筑中,折板也常常用在门廊和一些建筑小品上,很具有特色。不同的结构体系对建筑空间和建筑体形的特征具有不同的影响,就是在同一类型的结构体系中,其结构形式的变化以及由此而衍生出的建筑空间和建筑体形的差异,也是层出不穷的。在现代建筑中,折板的不断演变就充分体现了这种关系。

折板结构能够发展成为多种不同的结构形式,最主要的因素是折板的性能、高度、斜度和跨度之间的关系决定了结构的刚度和强度,个别折板的比例加劲件的形式和边缘处理方式,以上三者是用来表现折板作用的主要因素,正确地运用则可以取得真正的结构造型。折板结构分析是现代固体力学的一个重要分支,这门学科与一切工程设计都有关联,对结构设计尤其具有指导意义。因此,有关折板力学方面的研究一直是固体力学研究中一个最活跃的领域,备受人们关注。它不仅要适应生产实际的需要,面向工程实际,来解决生产中所遇到的困难,而且要从工程实际中提炼出具有普遍性的问题,进行系统的分析研究,为结构设计提供可靠的分析依据。

1.3　国内外研究及应用现状

1.3.1　研究现状

折板结构在我国属于一种常见的空间结构形式,它综合了折板和壳体的优点,受力性能良好,建筑造型优美,施工制作方便,具有很大的发展潜力。折板结构力学特性分析主要包括折板静力学和折板动力学两个方面。折板静力学是研究折板在静载作用下所产生的应力和变形,也就是通常所说的刚度、强度和稳定问题。通过分析和计算,使结构设计能够达到安全经济的效果。折板动力学是研究折板在动载作用下结构的反应,其中很重要的问题就是折板结构的振动问题。

折板结构计算方法很多,有差分法、矩阵传导法、极限平衡法等,各种组合结构的计算方法更加复杂。目前,折板结构的分析方法通常有两种:一种是在基本物理概念上建立数学方程式,然后进行简化,如苏联学者符拉索夫的折板理论,假设折板结构垂直于板平面的纵向弯矩及扭矩等于 0,各板的横向伸长及剪切形变均为 0,一般采用混合法,以折缝纵向应变和横向弯矩为未知数,建立起棱柱形壳体的八阶微分方程,然后从数学上简化求解。另一种是在已有的数学方法的基础上探求物理规律,再用物理与数学结合的方法进行简化,使用这种分析方法对折板结构进行横向计算时,把横截面看作支承于不动支座上的连续梁,对折板结构进行纵向计算时,又把折板看成为支承于横隔板上的简化梁,同时考虑折缝的连续性及变形协调条件,以求得折板的内力值。

近年来,国内外研究者关于折板结构进行了一定的理论探讨和试验研究,并得出了一些有益的结论。赖远明等对简支 V 形折板屋盖进行了研究,建立了交叉 V 形折板屋盖的曲面方程,导出了四边简支交叉 V 形折板屋盖的挠度和内力的表达式。刘开国等结合折板结构和网架结构的受力性能提出了伞状折网架结构,该结构是将伞状折板与网架组合而成的空间结构,可以做到大跨度及至超大跨度,充分发挥了折板结构与网架结构的空间受力性能。贾乃文等提出一种新的圆拱形变厚度折板空间结构,利用有限单元力法对其进行内力分析,并在此基础上,针对各向异性拱形折板结构和拱形折板结构的塑性极限进行分析,求出折板棱边的连接弯矩,以及各折板塑性极限荷载的上限值与下限值。彭林欣提出了一种求解对称层合折板结构自由振动问题的移动最小二乘无网格法。同时,基于一阶剪切变形理论,提出一种分析折板结构在部分面内荷载作用下屈曲行为的无网格伽辽金方法。郭鹏等以某体育馆项目为例,详细研究了预应力混凝土 V 形折板组合梁屋盖的受力特性和设计要点。陈泽赳介绍了直接分析法在某空间折板结构中的应用,表明空间折板结构的屋盖整体性非常强,通过在柱边设置侧向支撑,结构抗侧刚度非常大。姚守涛等针对悬挑式 CLT 空间折板屋盖体系施工技术进行研究,研发了一套用于钢木结构悬挑式空间折板安装的体系。章海亮等对圆锥壳 - 折板结构进行了动力学研究,建立了材料参数与动力学响应之间的响应面函数。

浙江大学周家伟等提出了折板形锥面网壳结构,该结构是由相同的折板以同一交贯角度相交而形成的新型空间网格结构,受力分析表明折板形锥面网壳谷线上的弦杆受力较大,符合折板结构受力规律。刘彩等采用有限元法对混凝土拟球面三角形网格密肋折板壳进行参数化自由振动分析。张连飞通过采用 Midas/gen 和 SAP2000 对多面体空间折板结构模型进行动力性能分析,研究结构在罕遇地震作用下的抗震性能。赵宪忠等针对沈阳文化艺术中心单层折板空间网格结构整体模型开展试验研究,结果表明,随着荷载的增大,结构位移与内力响应基本呈线性发展,模型竖向荷载向基础的传递主要依靠竖向主构件实现,环向主构件起拉结作用。朱锐等研究了斜放网格混凝土棱柱面密肋折板网壳静力特性,表明屋盖具有较好的刚度和空间受力特性,且主拱和斜向密肋是屋盖中的主要受力构件。姜腾钊等研究了行波效应对混凝土 V 形折板网壳的影响,采用有限元动力时程法,分别计算了一致地震输入和考虑行波效应的多点地震输入下结构的地震响应,深入分析了结构在行波激励下的地震反应规律。Goldberg 与 Leve 的研究被 Guha-Niyogi 等认为是首次给出了折板静态问题的准确解;Bandyo-padhyay 等回顾比较了折板的近似及精确分析方法。Bar-Yoseph 等将 Vlasov 的薄壁梁理论引入分析折板结构,对于长折板结构获得了较好的分析结果。Milašinović 考虑几何和材料非线性,采用有限条法对典型的折板结构进行了数值分析。

　　对于平顶四坡折板结构的研究较少,目前主要集中在边界条件为四边简支、温度荷载作用下的平顶四坡折板结构力学性能分析。赖远明借助局部斜坐标系和广义函数(符号函数和阶跃函数),建立了平顶四坡折板屋盖的曲面方程,应用弹性薄壳理论和变分法,导出了四边简支平顶四坡折板屋盖挠度和内力的表达式。刘炳涛围绕平顶四坡折板结构做了大量的工作,主要研究了该结构在四边简支约束条件下,常规荷载、温度荷载作用下结构的应力-应变曲线、荷载-位移曲线等力学性能变化规律,而针对边界条件为对边简支对边固支的平顶四坡折板结构的试验研究鲜有报道。

1.3.2　工程应用

　　折板结构的发展经历了一个很长的历史演变过程。起初,在古代寺庙里的无梁殿以及古罗马的许多宗教建筑里有使用砖或石料来建造的矩形或圆弧形屋顶,其中有些屋顶的厚度达到了 1~3 m,由于当时受材料的限制,跨度都不是很大,但自重却比较大。到了 18 世纪,壳形结构开始运用到教堂的圆屋顶上,从而开始带动板壳结构的产生和发展。19 世纪初,工程界出现了轧制型钢和铆钉的连接方法,发明了焊接技术,钢屋顶板壳结构慢慢地开始应用。但由于计算比较烦琐,板壳结构的发展仍然比较缓慢。第二次世界大战之后,钢筋混凝土板壳结构得以迅速发展,并逐渐采用装配式壳体和预应力折板结构。20 世纪五六十年代以后,板壳结构的发展进入了黄金时代,因其厚度小、自重轻,可以充分发挥钢筋混凝土的材料特性,所以发展很快,跨度不断增加,厚度不断减薄。由于板壳结构技术先进、形式繁多、分布面广,此间出现了许多热衷于薄壳结构的工程师:如著名的意大利工程师 P. L. 奈尔维等,创作了许多结构技术先进、建筑形式精美的成功作品,同时厚度小、自重轻、跨度大、造型轻盈美观的折板结构也慢慢地得以进一步发展,应用范围也越来越广。

折板结构以其独特的几何形状,提供了优越的结构稳定性,使建筑能够轻松抵御自然灾害和外部压力,因此被广泛应用于土木工程结构中。如位于法国巴黎的联合国教科文组织总部会议中心,建筑平面为梯形,长 44.2 m,屋顶及承重墙为折板构造,最高处达 31.4 m,屋顶是由曲形楼板加折板构成的,屋顶跨距达 67 m,楼板在中间拱起,以增加屋顶劲度,折板厚达 5.3 m,屋顶折板在端部下折,成为承重墙,交接处折板最深,底部则较浅;美国伊利诺大学会堂建筑平面呈圆形,屋顶为预应力钢筋混凝土折板组成的圆顶,由 48 块同样形状的膨胀页岩轻混凝土折板拼接而成,形成 24 对折拱,拱脚水平推力由预应力圈梁承受。国内较有代表性的空间折板结构建筑有广州歌剧院(见图 1-10)、深圳大运会主场馆(见图 1-11)、云南师范大学体育馆(见图 1-12)、青岛国信体育馆(见图 1-13)等。

图 1-10 广州歌剧院

图 1-11　深圳大运会主场馆

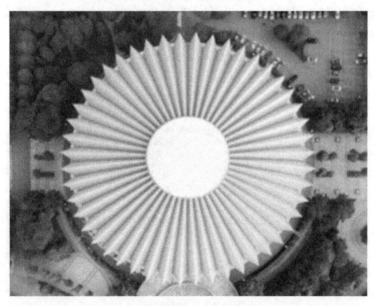

图 1-12　云南师范大学体育馆

图 1-13 青岛国信体育馆

1.4 研究意义

空间结构的理论研究和结构试验是紧密相关的,工程结构试验是推动结构工程科学发展的基石。在我国早期,空间折板结构的基础相对薄弱,但随着国家经济实力的增强和社会需求的增加,近年来取得了迅速的发展。早期的折板结构注重理论分析,但缺乏大量的工程结构试验。然而,理论研究和结构试验可以相互验证和比较,因此试验是必不可少的研究手段之一。通过试验,可以更全面、深入地了解新型结构的基本性能,为结构设计积累更多理论基础。基于工程试验,也能发展出精确、合理的试验理论和方法,这是结构工程学界所面临的重要机遇和挑战。

随着现代人审美水平的提高,单调的 V 形折板、伞状折板等,已经不能满足现代建筑造型的需要。近年来,从事折板结构的研究开发人员又设计出了许多造型新颖、美观的结构,这就对折板结构技术提出了更高的要求。矩形平顶四坡折板结构作为一种新型空间结构,在结构技术方面结构轻巧、用料经济、施工方便;在实用建筑方面,具有简洁、明快、轻盈的特点,使建筑效果、结构性能与经济效益达到协调和统一。而到目前为止,折板结构力学特性问题的研究主要还是对 V 形和伞状等折板结构的分析,矩形平顶四坡折板结构乃至组合抛物面结构屋盖仅有少数人研究过,而且研究方法也仅限于理论推导,因此在此问题上还需要进一步的研究。本书主要对不同厚度的对边简支对边固支平顶四坡折板结构的力学性能进行试验研究,以获取其在关键部位的应力、应变、位移变化情况,以期为折板结构在实际工程中的设计与应用提供指导。

1.5　主要研究内容

本书在已有研究成果的基础上,对边界条件为对边简支对边固支的平顶四坡折板结构力学性能做进一步的探讨,并对其进行模型试验研究,分析折板结构的受力效果。结合工程结构试验,对 4 个有机玻璃折板结构模型的力学性能进行测试分析。通过大型通用的有限元软件 ANSYS 来进行建模,分析对边简支对边固支平顶四坡折板结构在受集中荷载作用下的应力和变形,对比分析两种不同厚度的平顶四坡折板结构的力学性能。采用理论分析和模型试验相结合的方法进行综合对比,验证折板结构设计计算理论的基本假定。在折板结构计算理论和试验分析上取得了一些初步性的研究结果,对以后此类新结构的设计计算做有益的探讨,为发展和推广新结构、新材料与新工艺提供实践经验。具体开展的工作如下:

(1)认真查阅相关文献资料,结合本试验的研究情况,分析折板结构空间构型的结构与造型。初步探讨了折板结构计算方法及扁壳理论应用,并利用试验模型解释折板结构的基本原理,说明折板结构的优点,讨论折板结构在其他结构中的应用。

　　(2)依据结构模型试验的理论基础,设计并加工制作试验模型以及辅助试件,测定有机玻璃材料的性能,包括弹性模量、泊松比等;拟定试验加载方案,为试验过程中可能出现的问题做好预防准备工作和应急措施。

　　(3)通过试验对两种不同厚度的平顶四坡折板结构在边界条件为对边简支对边固支时,受静载作用时的特殊截面和位置的应变、位移进行全过程的数据采集和观测,分析对边简支对边固支平顶四坡折板结构的力学性能。

　　(4)采用大型通用的有限元软件 ANSYS 进行建模,分析计算对边简支对边固支平顶四坡折板结构在集中荷载作用下的应力和变形以及顶板处的位移;对理论计算结果和试验结果进行对比分析。

　　(5)运用 ANSYS 动态分析方法中的瞬态分析技术,分析对边简支对边固支平顶四坡折板结构在受地震波作用下的力学性能,观察其折板结构的位移和应力的变化情况。

　　(6)总结试验过程中的各种情况,针对在试验中出现的一些问题和试验测量数值的不稳定性,提出合理化建议,为平顶四坡折板结构系统设计提供理论依据和设计参考。

第 2 章　对边简支对边固支平顶四坡折板结构的理论基础

薄壳结构是空间结构的组成部分,而折板结构则又是薄壳结构的一种形式。由于薄壳结构的受力比梁板结构更为优越,能够充分发挥材料的潜力,具有良好的承载能力,通常能以很小的厚度承受相当大的荷载,适用于跨度和空间较大的建筑。同时,薄壳结构还可以提供新颖美观且能适应各种平面的建筑造型,但是由于薄壳结构在加工制造上比较复杂,使薄壳的广泛使用受到了限制。折板结构是由平板组合而成的一种空间结构,它除具有薄壳结构的优点外,还具有模板平直、制作方便等特点,因而它是一种既经济又合理的结构,在国内外被广泛使用。

2.1　折板结构的基本假定

折板结构是薄壳结构的一种形式,而壳体是由两个曲面所限定的物体,两个曲面之间的距离比物体的其他尺寸小。这两个曲面就称为壳面。距两壳面相等距离的点所形成的曲面,称为中间曲面,简称中面。中面的法线被两壳面截断的长度,称为壳体的厚度。如果壳体的厚度 δ 远小于壳体中面的最小曲率半径 R,这个壳体就称为薄壳;反之就称为厚壳。薄壳因中面形状的不同,又形成了不同的壳体,如柱形壳体、旋转壳体、任意形状壳体等。

如果壳面是闭合曲面,壳体除两个壳面外不再有其他的边界,这个壳体就称为闭合壳体,例如通常用在气体容器的壳体,就是闭合壳体。如果闭合壳体用切割面分割出来一部分,就称为开敞壳体,例如用在房屋顶盖或桥梁构件的壳体,就是开敞壳体。

薄壳与同跨度、同材料的薄板相比,它能以小很多的厚度承受同样的荷载,就像曲拱和直梁对比时一样。直梁在横向载荷作用下,必须依靠横截面上的弯矩和剪力去平衡,而曲拱却能提供截面上较大的轴向压力去平衡,有时轴向压力起主要作用,而弯矩和剪力占次要作用。将薄壳和平板相比,也有类似的情况。不过,薄壳比曲拱更为优越,因为在轴向力作用时,截面的两侧还存在中面剪力,在薄壳上如果受到横向载荷,不但有弯矩和剪力,还有轴向的中面内力和中面剪力共同去平衡横向荷载。因此,在各种工业与民用建筑工程中,通常会考虑以薄壳代替平板,以满足经济、适用的要求。

通常,在壳体工程实用理论中,采用如下假设:

(1)变形前垂直于中曲面的直法线,变形后仍保持为直线,并垂直于变形后的中面,同时其长度仍保持不变。

(2)垂直于中面方向的挤压应力较小,由它所产生的应变可忽略不计。

(3)体积力和表面力一起可折算为中面上的载荷。

以上所做的假设与薄板理论中所用的假设相同。当壳体的厚度 h 远小于壳体中面的最小曲率半径时,即符合 $\left(\dfrac{h}{R}\right)_{\max} \leqslant \dfrac{1}{20}$,就认为属于薄壳的范围。在实际工程结构中所遇到的壳体大都符合这个条件。应用以上所做的假设,可以得到工程上足够精确的解答。

2.2　应用扁壳基本理论

对于本书研究的平顶四坡折板结构来讲,它从底面到顶点的高度(矢高)远小于底面短边尺寸,一般认为最大矢高 f 与其被覆盖的底面短边边长 b 之间的比值 $f/b \leqslant 1/5$,相当于比较扁平的开口薄壳,即扁壳。

对于扁壳来说,主要是通过薄膜内力来传递荷载的,弯曲内力所起作用不大(边界区除外)。也就是说,内力以中面内的为主,中面外的为次。在变形方面,因中面内的刚度远大于中面外的刚度,故位移以中面外的为主,中面内的为次。这种有关内力和位移的主次关系就是扁壳受力状态的另一个特征。根据这一特征,在考虑中面内与中面外两方面的相互影响时,将只保留主要项对其他方面的影响,于是引入如下假设:

(1)在考虑力系的平衡时,保留中面内力对中面外平衡方程的影响,而忽略中面外的弯曲内力对中面内平衡方程的影响。

（2）在考虑位移和变形之间的关系时，保留中面外的位移对中面内变形的影响，而忽略中面内的位移对中面外变形的影响。

由于扁壳的几何性质可以比较简单明了地用直角坐标来表示，所以可以用直角坐标来求解扁壳问题，而把扁壳的位移、形变和内力都当作直角坐标 x 和 y 的函数。利用壳体理论的基本方程和边界条件，建立从正交曲线坐标向直角坐标变换的一些变换式，可以得出中面沿 α 及 β 方向的曲率 k_1 及 k_2 分别成为 k_x 及 k_y，即

$$\left. \begin{array}{l} k_1 = k_x = -\dfrac{\partial^2 z}{\partial x^2} \\[3mm] k_2 = k_y = -\dfrac{\partial^2 z}{\partial y^2} \end{array} \right\} \tag{2-1}$$

任何变量沿 α 及 β 方向的改变率分别成为该变量沿 x 及 y 方向的改变率。同时，中面沿 α 及 β 方向的拉梅系数成为

$$\left. \begin{array}{l} A = \dfrac{\mathrm{d}s_1}{\mathrm{d}\alpha} = \dfrac{\mathrm{d}x}{\mathrm{d}x} = 1 \\[3mm] B = \dfrac{\mathrm{d}s_2}{\mathrm{d}\beta} = \dfrac{\mathrm{d}y}{\mathrm{d}y} = 1 \end{array} \right\} \tag{2-2}$$

如果扁壳的中面不是平移曲面，则扭率 k_{xy} 不一定等于 0，k_x 和 k_y 不一定是中面的主曲率，把壳体正交曲线坐标的方程向直角坐标进行变换时，就比较复杂一些。按照分析计算的结果，扁壳的最大矢高不超过矩形底面较小边长的 1/5，则上述的近似处理不致引起工程上所不容许的误差。

利用薄壳的基本方程，应用上述分析，不计横向剪力对于纵向平衡的影响，可得扁壳的平衡微分方程如下：

$$\left. \begin{array}{l} \dfrac{\partial F_{T1}}{\partial x} + \dfrac{\partial F_{T12}}{\partial y} = 0 \\[3mm] \dfrac{\partial F_{T2}}{\partial y} + \dfrac{\partial F_{T12}}{\partial x} = 0 \\[3mm] (k_x F_{T1} + k_y F_{T2}) - \left(\dfrac{\partial^2 M_1}{\partial x^2} + 2\dfrac{\partial^2 M_{12}}{\partial x \partial y} + \dfrac{\partial^2 M_2}{\partial y^2} \right) = q_3 \end{array} \right\} \tag{2-3}$$

扁壳的几何方程如下：

$$\left.\begin{array}{l} \varepsilon_1 = \dfrac{\partial u}{\partial x} + k_x \omega \\[3mm] \varepsilon_2 = \dfrac{\partial v}{\partial y} + k_y \omega \\[3mm] \varepsilon_{12} = \dfrac{\partial u}{\partial y} + \dfrac{\partial v}{\partial x} \\[3mm] \chi_1 = -\dfrac{\partial^2 \omega}{\partial x^2} \\[3mm] \chi_2 = -\dfrac{\partial^2 \omega}{\partial y^2} \\[3mm] \chi_{12} = -\dfrac{\partial^2 \omega}{\partial x \partial y} \end{array}\right\} \qquad (2\text{-}4)$$

扁壳的物理方程如下：

$$\left.\begin{array}{l} F_{T1} = \dfrac{E\delta}{1-\mu^2}(\varepsilon_1 + \mu\varepsilon_2) \\[3mm] F_{T2} = \dfrac{E\delta}{1-\mu^2}(\varepsilon_2 + \mu\varepsilon_1) \\[3mm] F_{T12} = \dfrac{E\delta}{2(1+\mu)}\varepsilon_{12} \\[3mm] M_1 = D(\chi_1 + \mu\chi_2) \\[2mm] M_2 = D(\chi_2 + \mu\chi_1) \\[2mm] M_{12} = (1-\mu)D\chi_{12} \end{array}\right\} \qquad (2\text{-}5)$$

对于扁壳,共有 15 个基本方程:3 个平衡微分方程[见式(2-3)],6 个几何方程[见式(2-4)],6 个物理方程[见式(2-5)]。这些基本方程中包含着 x 和 y 的 15 个未知函数:6 个内力,即 F_{T1}、F_{T2}、$F_{T12}(=F_{T21})$、M_1、M_2、$M_{12}(=M_{21})$;6 个中面形变,即 ε_1、ε_2、ε_{12}、χ_1、χ_2、χ_{12};3 个中面位移,即 u、v、ω。横向剪力 Q_1 和 Q_2 可以利用 M_1、M_2 和 M_{12} 表示,而不必作为独立的未知函数。

以上给出了扁壳的全部方程,下面采用混合法对方程进行综合。

在扁壳的弯曲问题中,引用内力函数 $\Phi(x,y)$,将薄膜内力用函数 Φ 表示。

$$\left.\begin{aligned} F_{T1} &= \frac{\partial^2 \Phi}{\partial y^2} \\[2mm] F_{T2} &= \frac{\partial^2 \Phi}{\partial x^2} \\[2mm] F_{T12} &= -\frac{\partial^2 \Phi}{\partial x \partial y} \end{aligned}\right\} \tag{2-6}$$

将几何方程(2-4)中的后三式代入物理方程(2-5)中的后三式,可将弯矩及扭矩用 ω 表示为

$$\left.\begin{aligned} M_1 &= -D\left(\frac{\partial^2 \omega}{\partial x^2} + \mu\frac{\partial^2 \omega}{\partial y^2}\right) \\[2mm] M_2 &= -D\left(\frac{\partial^2 \omega}{\partial y^2} + \mu\frac{\partial^2 \omega}{\partial x^2}\right) \\[2mm] M_{12} &= -(1-\mu)D\frac{\partial^2 \omega}{\partial x \partial y} \end{aligned}\right\} \tag{2-7}$$

将式(2-4)中的后三式和式(2-5)中的后三式代入下式:

$$\left.\begin{aligned} F_{s1} &= \frac{\partial M_1}{\partial x} + \frac{\partial M_{12}}{\partial y} \\[2mm] F_{s2} &= \frac{\partial M_2}{\partial y} + \frac{\partial M_{12}}{\partial x} \end{aligned}\right\}$$

又将横向剪力用 ω 表示为

$$\left.\begin{aligned} F_{s1} &= -D\frac{\partial}{\partial x}\nabla^2 \omega \\[2mm] F_{s2} &= -D\frac{\partial}{\partial y}\nabla^2 \omega \end{aligned}\right\} \tag{2-8}$$

由此,全部内力都已用 Φ 和 ω 表示,而扁壳的弯曲问题可以按 Φ 和 ω 求解。以上就是扁壳弯曲问题的混合法。

将式(2-6)及式(2-7)代入平衡微分方程(2-3)中,可见其中的前两个方程总能成立,而第三个方程成为用 Φ 及 ω 表示的平衡条件。

$$D\,\nabla^2\omega + \nabla_k^2\Phi = q_3 \tag{2-9}$$

然后,从几何方程(2-4)的前三式中消去 u 及 v,得出形变相容条件:

$$\frac{\partial^2\varepsilon_1}{\partial y^2} + \frac{\partial^2\varepsilon_2}{\partial x^2} - \frac{\partial^2\varepsilon_{12}}{\partial x\partial y} - \nabla_k^2\omega = 0 \tag{2-10}$$

再根据薄壳的物理方程可解出 ε_1、ε_2、ε_{12},将薄膜内力通过式(2-6)用 Φ 来表示,得

$$\left. \begin{aligned} \varepsilon_1 &= \frac{F_{T1} - \mu F_{T2}}{E\delta} = \frac{1}{E\delta}\Big(\frac{\partial^2\Phi}{\partial y^2} - \mu\frac{\partial^2\Phi}{\partial x^2}\Big) \\ \varepsilon_2 &= \frac{F_{T2} - \mu F_{T1}}{E\delta} = \frac{1}{E\delta}\Big(\frac{\partial^2\Phi}{\partial x^2} - \mu\frac{\partial^2\Phi}{\partial y^2}\Big) \\ \varepsilon_{12} &= \frac{2(1+\mu)}{E\delta}F_{T12} = -\frac{2(1+\mu)}{E\delta}\frac{\partial^2\Phi}{\partial x\partial y} \end{aligned} \right\} \tag{2-11}$$

将式(2-11)代入式(2-10),即得用 Φ 及 ω 表示的相容条件:

$$\frac{1}{E\delta}\nabla^4\Phi - \nabla_k^2\omega = 0 \tag{2-12}$$

式(2-9)及式(2-12)就是扁壳弯曲问题的混合法基本微分方程,在边界条件下从这两个基本微分方程解出基本未知函数 Φ 和 ω,就可以用式(2-6)求得薄膜内力,用式(2-7)及式(2-8)求得板的内力。

2.3　平顶四坡折板结构的计算理论

平顶四坡折板由四块梯形板和一块平行于底面的矩形板组成,矩形板和底面间的距离为 f,如图2-1所示;对边简支对边固支平顶四坡折板结构是指平顶四坡折板结构的两长边固定,限制其水平位移和竖向位移以及扭转;两短边处于简支状态,限制水平位移和竖向位移,不限制扭转。本书主要研究的是对边简支对边固支的平顶四坡折板结构的力学性能分析,以下为平顶四坡折板结构的曲面方程及曲率理论推导。

为了便于建立平顶四坡折板的曲面方程,分别建立总体坐标系 Oxy 及局部斜坐标系 $O'x'y'$,如图2-2所示。由图2-2可得,在 O' 以右的区域内,直角坐标系 Oxy 和局部斜坐标系 $O'x'y'$ 之间的坐标转换关系为

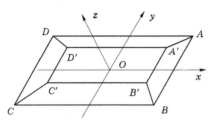

图 2-1　平顶四坡折板

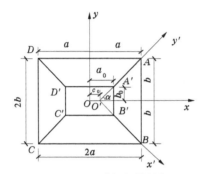

图 2-2　平顶四坡折板的俯视图

$$\left.\begin{array}{l} x - l_0 = (y' + x')\cos \alpha \\ y = (y' - x')\sin \alpha \end{array}\right\} \tag{2-13}$$

为了简便起见,本书只研究图 2-1 所示平顶四坡折板屋盖在屋顶四角受集中荷载作用下的情况。利用对称性,只需建立该折板在第一象限的曲面方程。借助上述两套坐标系,可很方便地建立图 2-1 所示的平顶四坡折板的曲面方程:

$$Z = f[1 - u(y - b_0)][1 - u(x - a_0)] +$$
$$\frac{f}{b - b_0}(b - y)[1 - u(x - a_0) \cdot u(y - b_0)] +$$
$$u(x - a_0)\frac{f}{c - c_0}[c - (x'\mathrm{sgn}\,x' + y'\mathrm{sgn}\,y')] \tag{2-14}$$

式中:f 为矢高;$c_0 = O'A'$;$c = O'A$。

利用复合函数的求导法则,根据广义函数的微分性质和式(2-13),可得平顶四坡折板的曲率:

$$k_x = -\frac{\partial^2 z}{\partial x^2}$$

$$= f\delta'(x - a_0)[1 - u(y - b_0)] + \frac{f}{b - b_0}\delta'(x - a_0)(b - y)u(y - b_0)$$

$$- \frac{f}{c - c_0}\delta'(x - a_0)[c - (x'\text{sgn }x' + y'\text{sgn }y')]$$

$$+ \delta(x - a_0)\frac{f}{(c - c_0)\cos a}(\text{sgn }x' + \text{sgn }y')$$

$$+ u(x - a_0)\frac{f}{2(c - c_0)\cos^2 a}[\delta(x') + \delta(y')] \qquad (2\text{-}15)$$

$$k_{xy} = -\frac{\partial^2 z}{\partial x \partial y}$$

$$= -f\delta(x - a_0)\delta(y - b_0) - \frac{f}{b - b_0}\delta(x - a_0) \cdot u(y - b_0)$$

$$+ \frac{f}{b - b_0} + \delta(x - a_0) \cdot (b - y)\delta(y - b_0) \cdot$$

$$\frac{f}{2(c - c_0)\sin a} \cdot \delta(x - a_0)(\text{sgn }y' - \text{sgn }x')$$

$$+ u(x - a_0)\frac{f}{(c - c_0)\sin^2 a}[\delta(y') - \delta(x')] \qquad (2\text{-}16)$$

$$k_y = -\frac{\partial^2 z}{\partial y^2}$$

$$= f\delta'(y - b_0)[1 - u(x - a_0)] + \frac{2f}{b - b_0}\delta'(y - b_0)[1 - u(x - a_0)]$$

$$- \frac{f}{b - b_0}(b - y)\delta'(y - b_0)[1 - u(x - a_0)]$$

$$+ u(x - a_0) \cdot \frac{f}{2(c - c_0)\sin^2 a}[\delta(x') + \delta(y')] \qquad (2\text{-}17)$$

当 $f/2b \leqslant \dfrac{1}{5}$ 时,可用扁壳理论来解决此问题,变曲率扁壳的基本微分方程为

$$
\left.
\begin{aligned}
&D\nabla^4\omega + \left(k_x\frac{\partial^2}{\partial y^2} + k_y\frac{\partial^2}{\partial x^2} - 2k_{xy}\frac{\partial^2}{\partial x\partial y}\right)\varphi = -q_0 \\
&\frac{1}{Eh}\nabla^4\varphi - \left[\frac{\partial^2}{\partial y^2}(k_x\omega) + \frac{\partial^2}{\partial x^2}(k_y\omega)\cdot 2\frac{\partial^2}{\partial x\partial y}(k_{xy}\omega)\right] = 0
\end{aligned}
\right\}
\quad (2\text{-}18)
$$

式中: q_0、h、E 分别为垂直均布荷载、壳厚和弹性模量; $D = \dfrac{Eh^3}{12(1-\mu^2)}$。

2.4　本章小结

(1)介绍对边简支对边固支平顶四坡折板结构的基本假定,在实际工程中,当壳体的厚度 h 远小于壳体中面的最小曲率半径时,即 $\left(\dfrac{h}{R}\right)_{\max} \leqslant \dfrac{1}{20}$,就认为属于薄壳的范围,应用薄壳理论的假设可以得到工程上足够精确的解答。对于本书研究的平顶四坡折板结构来说,它的中面最大矢高远小于它的底面尺寸,最大矢高 f 与其被覆盖的底面短边边长 b 之间的比值 $f/b \leqslant 1/5$,相当于比较扁平的开口薄壳,即扁壳。

(2)阐述应用扁壳理论的基本假设,利用薄壳的基本方程,不计横向剪力对纵向平衡的影响,得出扁壳的基本方程:3 个平衡微分方程,6 个几何方程,6 个物理方程。其中包含着 x 和 y 的 15 个未知函数:6 个内力[F_{T1}、F_{T2}、F_{T12}($=F_{T21}$)、M_1、M_2、M_{12}($=M_{21}$)],6 个中面形变(ε_1、ε_2、ε_{12}、χ_1、χ_2、χ_{12}),3 个中面位移(u、v、ω)。采用混合法,用位移和内力作为未知量求解薄膜内力,从而求出板的内力。

(3)对平顶四坡折板结构进行简介,它由四块梯形板和一块平行于底面的矩形板组成,并借助于局部坐标系和广义函数(符号函数和阶跃函数)来建立平顶四坡折板结构的曲面方程。

第 3 章　平顶四坡折板结构模型材性试验

3.1　结构试验在工程结构中的力学性能研究

工程结构是由工程材料所构成的不同类型的各种承重构件(如梁、柱、板等)相互连接的组合体。要求其结构在规定的使用期限内,能够安全地承受各种不同因素的作用,来满足其功能和使用上的要求。因此,要求设计人员必须综合考虑工程结构在整个设计使用年限内如何适应各种可能出现的风险,掌握工程结构在各种因素条件下的实际应力和变形情况等。

工程结构试验主要是以试验的方式,测定结构在各种荷载作用下的相关参数,反映结构或构件的工作性能、承载能力和相应的安全度,为结构的安全使用和设计理论的建立提供重要的依据;从强度(稳定)、刚度和抗裂性以及结构实际破坏形态等方面来判别工程结构的实际工作性能,估计其承载能力,确定工程结构对使用要求的符合程度,并用以检验和发展工程结构的计算理论。

根据不同的试验目的,结构试验分为两大类,即生产鉴定性试验和科学研究性试验。

(1)生产鉴定性试验是非探索性的,它是在比较成熟的设计理论基础上开展的,主要选取实际工程中的某一具体的结构或构件进行试验。在试验开始前,需收集试验所用试件的原始资料(设计计算书、施工图纸)等,并对结构构件的设计、施工质量、使用情况以及损坏原因等进行实地考察,目的是通过开展试验来检测或者鉴定工程结构的质量好坏,以此来判断工程结构的实际承载能力是否符合相关的设计规范要求,为工程结构的再利用与处理提供技术参数和依据。例如,对于一些比较重要的工程项目,工程建成以后都要通过开展试验,综合检测、鉴定结构设计以及工程施工质量的可靠性;而对于成批生产的预制构件,需要在出厂前或是在现场安装之前,根据其试验要求以及相关指标开展抽样检验,从而检测该批次构件的质量情况。当既有建筑改扩建、增层或改变结构用途时,通常开展试验来确定既有建筑结构的实际承载能力,为改扩建工程、加固工程提供基础数据。

具体的设计流程主要包括以下几个方面：

①试验加载设计：确定试验的荷载传递路径、计算试验的荷载值、试验装置的选取、试验的加载制度。

②试验观测设计：确定试验的观测项目、测点布置和数量、仪器设备的选择以及确定试验读数的原则。

③试验安全措施：保证试验人员的人身安全、试验设备以及仪表安全。

（2）科学研究性试验具有研究、探索和开发的性质，主要围绕研究内容，按照周密详细的试验计划开展研究，试验对象是专为试验而设计制作的。通常在试验开始前，需要详细了解研究方向的相关国内外研究现状，提出相应的科学技术问题。围绕研究问题，确定其试验的规模、试件尺寸、数量、形状以及试件加工制作要求，从而确定试验加载方案以及测量内容，并制订试验安全措施等。目的在于验证结构设计的某一理论或各种推理、假说及概念的正确性，建立结构计算理论的各参数之间的关系。如弯矩-曲率关系、徐变-时间关系、黏结-滑移关系等，这些都是结构理论计算分析的基础和前提条件，一般都需要开展试验来获得，在进行结构的静力分析、动力分析计算中，本构关系模型的建立则完全是通过进行试验来加以确定的。

具体的设计流程主要包括以下几个方面：

①试验试件与加载设计：设计试件的形状和尺寸，确定试件的数量；确定试验的荷载传递路径、计算试验荷载值、选择试验装置以及确定试验加载制度。

②试验观测设计：确定试验的观测项目、确定测点部位和数目、选择仪器设备以及确定读数原则。

③试验安全措施：保证试验人员的人身安全、设备和仪表安全；试验准备阶段、实施阶段和试验后拆除构件阶段应有安全和防护技术措施。

以上两类试验本质相似，均是通过试验来解决工程结构遇到的问题，揭示工程结构的本质属性。主要包括试验设计、试验准备、试验实施和试验总结4个环节，这4个环节的主要内容及相互之间的关系如

图 3-1 所示。

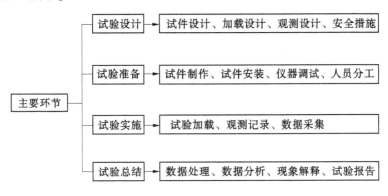

图 3-1　工程结构试验的主要环节

　　本书试验属于科学研究性试验,目的是通过试验来验证采用板壳理论计算折板结构理论公式的合理性;验证结构构件的计算因式和本构关系作某些简化的假定是否合理。在构件的静力和动力分析中,本构关系的模型化则完全是通过试验来确定的。工程结构试验反映结构的实际性能,它为工程实践和结构理论提供的依据是其他方法所不能取代的。所以,本书将以对边简支对边固支平顶四坡折板结构为例进行分析研究,进一步通过模型试验来验证理论公式和有限元分析结果。

3.2　结构模型试验

　　结构模型试验是工程结构设计和理论研究的主要手段之一。在结构设计规范中,对各种各样的结构分析方法做出了规定。例如,线弹性分析方法、考虑塑性正常重分布的方法、塑性极限分析方法、非线性分析方法和试验分析方法等。其中,试验分析方法在概念上与计算分析方法有较大的差别。试验分析方法通过结构模型试验得到体形复杂或受力状况特殊的结构或结构的一部分的内力、变形、动力特性、破坏形态等,为结构设计或复核提供依据。随着电子计算机的飞速发展,基于计算机的结构分析方法已经能对很多复杂的结构进行分析,但结构模型试验仍有不可替代的地位,并广泛应用于工程实践中。

3.2.1　模型试验特点及设计流程

3.2.1.1　模型试验特点

在进行模型试验时,结构模型应该按照相似理论的基本原则进行设计,结构模型和原型结构几何相似并具有一定的比例关系,模型材料与结构原有的材料相同或具有某种相似关系,在结构模型上施加的荷载应根据原型结构所受的实际荷载按照一定的比例缩小或放大,使发生在原型结构中的力学过程在模型结构上重演,模型受荷载作用后能真实反映实际结构的工作状况,按照相似理论由模型试验结果推断原型结构的实际工作状态。

工程结构与足尺的实际结构相比,工程结构模型试验具有以下特点。

1. 经济性好

由于模型结构的几何尺寸小(一般取原型结构的 1/6～1/2,有时也可取 1/20～1/10 或更小),因此试件的制作相对比较容易,节省了材料、劳动力和时间,并且同一个模型可进行多个不同目的的试验。在试验加载方面尤为突出,在常用的相似条件下,集中荷载的减小与几何尺寸的缩小成平方关系。若原型结构上作用着 100 kN 的集中荷载,一个缩尺比为 1/20 的模型仅需 0.25 kN 的集中荷载。当用低弹性模量的材料制作模型时,荷载还可进一步减小。因此,模型试验也可较大幅度地降低加载设备的容量和费用。

2. 针对性强

可以根据试验的目的,突出主要因素,简略次要因素,设计出合理的结构模型试验;同时,可以改变某些主要因素而设计多个模型进行对比试验。这对于工程结构的性能研究、新型结构的设计、结构理论的验证和新理论的发展都具有十分重要的意义。

3. 数据准确

在结构模型试验过程中,由于试验模型小,一般可在试验技术条件和环境条件均较好的室内进行试验,比现场原位试验更容易满足对加载设备、数据采集设备等的要求,试验条件更容易控制,因此可以严格控制主要测试参数,避免许多外界因素的干扰(如风吹、雨淋等),从而保证了试验结果的准确性。

3.2.1.2 模型试验的基本流程

1. 选择模型的类型

通常情况下,根据试验目的和要求,选择模型的基本类型。对于缩尺比例较大的模型,以及当验证结构的设计计算方法和测试结构动力特性时,一般选择弹性模型;研究结构的极限强度和极限变形时,一般选择强度模型,强度模型要求其模型材料性能与原型材料性能较为接近。

2. 确定相似条件

对所研究的对象进行理论分析,用方程式分析法或者量纲分析法来确定其相似条件。依据相似条件,假定一些相似常数,一般先确定 S_E 和 S_L,再确定其他的相似常数。有时还需假定其他个别的相似常数,采用最多的是等应力条件,即假定 $S_\sigma = 1$。

3. 确定模型几何尺寸

依据模型的类型、材料、试验条件及制作工艺,确定最优的模型几何尺寸,也就是几何相似常数 S_L 的值。尺寸小的模型所需荷载小,但制作相对比较困难,加工精度要求比较高,对于测量精度要求也比较高;尺寸大的模型所需荷载一般比较大,但制作相对比较容易,对量测仪表也无特殊要求。因此,确定模型的缩尺比例要综合考虑试验目的、试验条件、模型制作工艺等因素。

4. 模型构造设计

在进行模型设计时,为了满足试验安装、加载和量测的要求,需要考虑必要的构造措施,以保证模型和加载装置的连接,防止模型发生局部破坏。

在完成以上步骤后,绘制模型尺寸图、测点布置图、加载装置示意图等。一般情况下,在确定模型尺寸以后,其他相关因素如模型材料、模型的加工方式、试验加载方式、测点布置方案等也基本确定了。

3.2.2　模型试验与模拟分析的关系

作为结构分析的方法之一,工程结构模型试验与计算机仿真分析具有同样的竞争力。一般来说,模型试验适用于整体结构及复杂结构的试验研究。虽然用计算机对复杂结构甚至整体结构进行分析是可行的,而且较方便,用计算机作仿真分析在经费和时间方面有时比模型试验更节省,但模型试验能更准确地反映结构的实际工作情况。因为模型试验不受简化假定的影响,同时计算机仿真分析的结果常常需要用模型试验验证。

模型试验还可清晰直观地展示整个结构从开始加载直至破坏坍塌的全部过程,而要用计算机对一个较复杂的钢筋混凝土结构的受力全过程和破坏形态进行仿真,则并非易事,且所耗费的时间和费用不会比模型试验少。应该说,模型试验和计算机仿真分析是互为补充的。对于已有适用计算程序的情况,计算机分析方法比做模型试验分析更快、更省;而当边界条件等难于确定,用计算机仿真分析不易进行时,常常需要依靠模型试验。小比例的动态模型试验在研究复杂情况(结构本身复杂或荷载复杂)下的结构动力特性时用得很多,几乎和计算机仿真分析占有同等重要的地位。因此,在一些国家的工程结构设计规范中,明确规定了要以模型试验作为论证设计方案或提供设计参数的手段。

模型试验方法虽然很早就有人使用,但其迅速发展则还是近几十年内的事。特别是将量纲分析法引入模型设计后,才使模型试验方法得到系统发展。量测技术的不断改进以及各种新型模型材料的发现和应用也为模型试验方法的发展创造了条件。

静力试验是结构试验中量最大、最常见的基本试验,因为大部分工程结构在工作时所承受的是静力荷载,一般可以通过重力或各种类型的加载设备实现和满足加载要求。静力试验的加载过程是从零开始逐步递增直至结构破坏,也就是在一个不长的时间段内完成试验加载的全过程。因此,这类试验也称作结构静力单调加载试验。静力试验的最大优点是加载设备相对简单,可以逐步施加荷载,还可以停下来仔细观测结构变形的发展,展现明确和清晰的破坏概念。在实际工作中,即使是承受动力荷载的结构,在试验过程中为了了解静力荷载下的工作特性,在动力试验之前往往也要先进行静力试验,如结构构件的疲劳试验就是这样。静力试验的缺点是不能反映应变速率对结构性能的影响,特别是在结构抗震试验中,静力试验的结果与任意一次确定性的非线性地震反应相差很远。目前,虽然在抗震静力试验中,一种计算机与加载器联机试验系统可以弥补这一缺点,但设备耗资大大增加,而且静力试验的每个加载周期还是远远大于实际结构的基本周期。

3.2.3 模型设计的相似理论

模型试验的关键之一是模型结构的设计与制作。模型必须依据相似理论来进行设计,模型所受的荷载也应符合相似理论关系,使模型的力学性能与原型相似,即它们之间相对应的各物理量的比例保持常量(即相似常数),并且这些常量之间也保持一定的组合关系(即相似条件),从模型试验所测的结果来推断原型结构的性能。模型试验常用于验证原型结构设计的设计参数或结构设计的安全度,被广泛地应用于结构工程科学研究中。

3.2.3.1 模型的几何相似关系

几何相似要求结构模型与原型所对应的尺寸成一定的比例,其模型的比例就为几何相似常数,即

$$\frac{h_m}{h_p} = \frac{b_m}{b_p} = \frac{l_m}{l_p} = S_l \qquad (3-1)$$

式中:h、b 和 l 分别为模型或者原型的高度、宽度和长度;m 和 p 分别为结构模型和结构原型。

对于一个矩形截面来说,其模型和原型的面积之比、截面的抵抗矩之比以及惯性矩之比分别如下:

$$S_A = \frac{A_m}{A_p} = \frac{h_m b_m}{h_p b_p} = S_l^2 \qquad (3-2)$$

$$S_W = \frac{W_m}{W_p} = \frac{\frac{1}{6}h_m^2 b_m}{\frac{1}{6}h_p^2 b_p} = S_l^3 \qquad (3-3)$$

$$S_I = \frac{I_m}{I_p} = \frac{\frac{1}{12}h_m^3 b_m}{\frac{1}{12}h_p^3 b_p} = S_l^4 \qquad (3-4)$$

同时,由变形体系的位移、长度和应变之间的关系,可得出位移的相似常数:

$$S_x = \frac{x_m}{x_p} = \frac{\varepsilon_m l_m}{\varepsilon_p l_p} = S_\varepsilon S_l \qquad (3-5)$$

式中:S_A、S_W、S_I 分别为由几何相似常数导出的面积之比、截面的抵抗矩之比和惯性矩之比;S_ε 为模型和原型结构之间对应部位正应变的比。

3.2.3.2　模型的荷载相似关系

荷载相似要求模型和原型在各个对应点所承受的荷载方向是一致的,荷载大小之间成一定的比例。由于荷载类型的不同,荷载相似常数的定义也就有所不同,分别为

$$S_P = \frac{P_m}{P_p} = \frac{A_m \sigma_m}{A_p \sigma_p} = S_\sigma S_l^2 \quad （集中荷载相似常数） \qquad (3-6)$$

$$S_\omega = S_\sigma S_l \quad （线荷载相似常数） \qquad (3-7)$$

$$S_q = S_\sigma \quad （面荷载相似常数） \qquad (3-8)$$

$$S_M = S_\sigma S_l^3 \quad （弯矩或扭矩相似常数） \qquad (3-9)$$

式中:S_σ 为应力相似常数。

当考虑结构自重影响时,还需要考虑重量分布相似常数:

$$S_{mg} = \frac{m_m g_m}{m_p g_p} = S_m S_g = S_\rho S_l^3 S_g \qquad (3-10)$$

式中:S_g 为重力加速度相似常数,通常 $S_g = 1$,故有:

$$S_{mg} = S_\rho S_l^3 \qquad (3-11)$$

3.2.3.3　模型的物理相似关系

物理相似要求模型与原型之间各个对应点的应力和应变、刚度和变形的关系相似。

$$S_\sigma = \frac{\sigma_\mathrm{m}}{\sigma_\mathrm{p}} = \frac{E_\mathrm{m}\varepsilon_\mathrm{m}}{E_\mathrm{p}\varepsilon_\mathrm{p}} = S_E S_\varepsilon \qquad (3\text{-}12)$$

$$S_\tau = \frac{\tau_\mathrm{m}}{\tau_\mathrm{p}} = \frac{G_\mathrm{m}\gamma_\mathrm{m}}{G_\mathrm{p}\gamma_\mathrm{p}} = S_G S_\gamma \qquad (3\text{-}13)$$

$$S_\nu = \frac{\nu_\mathrm{m}}{\nu_\mathrm{p}} \qquad (3\text{-}14)$$

式中：S_σ、S_E、S_ε、S_τ、S_G、S_γ 和 S_ν 分别为法向应力、弹性模量、法向应变、剪应力、剪切模量、剪应变和泊松比的相似常数。

由刚度和变形之间的关系，即可得出刚度相似常数：

$$S_k = \frac{S_\mathrm{P}}{S_x} = \frac{S_\sigma S_l^2}{S_l} = S_\sigma S_l \qquad (3\text{-}15)$$

3.2.4　平顶四坡折板模型试验的相似

本书中的模型试验不但要满足以上相似理论，也要满足其支承条件、约束情况以及边界受力情况相似要求。同时，根据所用材料设备和实际工程的差异性，可制订出合理的试验方案，针对试验中所遇到的问题进行分析，并采取措施进行解决。

本书试验考虑到折板结构的构造要求，以及模型制作、加载方式和试验所用的 MTS 加载设备实验台尺寸等多方面的因素，模型的几何缩尺选用 $n=40$。为了使所做的模型能够真实地反映出折板结构实体的受力性能，且具有试验研究的可行性，经过比较分析后选择 1/40 缩尺模型。支座选择和实际工程中一样选择对边简支对边固支的形式。使用专用的工具在模型结构的底板上，精确制作出圆弧形沟槽，使折板结构边缘嵌入槽内，对结构的两长边采用结构胶进行胶粘加以固定，使其限制水平位移和竖向位移及扭转，两短边限制水平位移和竖向位移，不限制扭转，边界条件满足对边简支对边固支的要求；折板结构在试验过程中出现的各种情况也可以为现场实际操作提供借鉴。

3.3　模型材料选用

3.3.1　模型材料的选用

　　合理选用结构模型材料是模型试验的关键之一。适合制作模型的材料有很多,但是没有绝对理想的材料。正确地了解并掌握模型材料的各种性能以及它们对试验结果所产生的影响,对于顺利完成模型试验具有决定性的意义。根据模型试验的目的,应优先选用与原型结构材料性能相同或相近的材料,以保证模型结构破坏时的性能能够得到较为真实的模拟。模型试验对模型材料的基本要求主要有以下几点。

3.3.1.1　保证相似要求

　　要求模型设计必须满足相似条件,模型材料的各性能指标包括弹性模量、泊松比、应力-应变曲线及极限强度等。模型材料满足相似要求有两方面的含义,一方面是模型材料本身与原型材料具有相似的特性,另一方面是根据模型设计的相似指标选择模型材料,保证主要的单值条件得到满足,从而使模型试验的结果可以按照相似准数和相似条件推算到原型结构上。

3.3.1.2　保证量测要求

　　结构模型试验总是希望在较小荷载作用下,模型材料试验时能够产生足够大的变形,以便量测仪表能够精确地进行读数,从而获得具有一定精度的试验结果。为了提高应变测量的精度,宜选用弹性模量较低的材料,但也不宜过低以致影响试验的结果。

3.3.1.3　保证材料性能稳定,不因温度、湿度的变化而变化

　　通常模型结构的尺寸都比较小,对环境的变化非常敏感,以致环境对它的影响远大于对原型结构的影响,因此材料性能的稳定是很重要的。应该保证材料徐变小,由于徐变是时间、温度和应力的函数,因此徐变对试验的结果影响很大,而真正的弹性变形不应该包括徐变。

3.3.1.4　具有良好的加工性能

　　选用的模型材料应该方便加工和制作,对于研究弹性阶段应力状

态的模型试验,模型材料应尽可能与一般弹性理论的基本假定一致,即
材料是匀质、各向同性、应力与应变呈线性变化,且有不变的泊松比
系数。

　　本书试验所采用的主要材料为有机玻璃,选用 3 mm 和 4 mm 两种
厚度的有机玻璃板作为平顶四坡折板的结构用材,选择厚度为 6 mm
的有机玻璃板作为平顶四坡折板结构的底座用材。选用有机玻璃作为
模型材料最大的优点是它使材料中的应力不超过 7 MPa,因为此时的
应力已能产生 2 000 微应变,对于一般的测量已经能够满足其精度的
要求。

3.3.2　有机玻璃材料特性

　　有机玻璃是一种通俗的名称,这种高分子透明材料的化学名称为
聚甲基丙烯酸甲酯。有机玻璃是均匀、各向同性材料,是常用的结构模
型材料之一。它具有强度高、重量轻、易于加工等特点,抗拉伸和抗冲
击的能力比普通玻璃高 7~18 倍;同样大小的材料,其重量也只有普通
玻璃的一半;而且它还具有高度透明性,透光率达到 92%,比普通玻璃
的透光度高。同时,有机玻璃耐腐蚀、耐湿、耐晒、安全性能好,在土木
工程中主要用作模型试验,它与混凝土材料在很多方面都具有一定的
相似性,通过模型试验,可以避免现场很多不利的因素,同时给学术研
究提供了新的手段;由于有机玻璃具有加工容易的特点,可以用来制作
板、壳、框架、剪力墙及形状复杂的结构模型。

　　有机玻璃材料市场上有各种规格的板材、管材和棒材,给模型加工
制作提供了方便。有机玻璃模型一般用木工工具就可以加工,用胶粘
剂或热气焊接组合成型。通常采用的黏结剂是氯仿溶剂,将氯仿和有
机玻璃粉屑拌和而成。由于材料是透明的,所以连接处的任何缺陷都
能很容易地被检查出来。对于具有曲面的模型,可将有机玻璃板材加
热到 110 ℃软化,然后在模子上热压成曲面。由于塑料具有加工容易
的特点,被大量地用来制作板、壳、框架、剪力墙及形状复杂的结构
模型。

　　有机玻璃加载以后,在应力不变的条件下,应变随着加载以后的时间延长而变化,由于弹性模量 E 是应力 σ 与应变 ε 之比,因而有机玻璃的弹性模量与加载以后的时间是有关联的,所以在采用有机玻璃的弹性模量时,应该明确在加载以后多长时间内弹性模量才是有意义的。为了测定其弹性模量,分别在试件上施加不同的静载,按照不同的时间记录相应的应变值,可得出如图 3-2 所示的一组应变曲线。从图 3-2 中可以看出,在不同的静载作用下,应变的变化规律基本是相同的;在加载以后,同一瞬时应力与应变按照比例增加或减小,如果选定加载后某一时间 t_i 时的应力与应变关系曲线,即为等时线。试验测定有机玻璃的等时线为一直线,等时线的斜率为其在 t_i 时的弹性模量 E_i($E_i = \tan \alpha_i$),按照不同的时间可得出不同的弹性模量,如图 3-3 所示,即 $t = 0$、$t = t_i$、$t = \infty$ 时的 3 根等时线,可以明显地看出任意一点的等时线在 $t = 0$ 与 $t = \infty$ 等时线之间,其弹性模量在 E_i 与 E_∞ 之间。

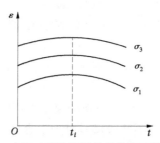

图 3-2　有机玻璃在不同静载作用下的应变线

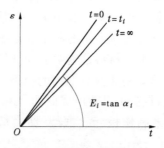

图 3-3　有机玻璃等时线

　　由于有机玻璃的质量受原材料以及在制造过程中生产工艺等因素的影响,因此在试验时必须选用同一批的有机玻璃板材来进行模型制作,然后再测定其弹性模量与泊松比等有关性能。

3.3.3　模型所选用的黏结材料

　　本试验所选用的黏结材料为美国三和化工科技集团有限公司生产的三和特效万能胶,具有耐寒、耐湿、初黏力极高的特点,可以黏结各种极性与非极性材料,而且黏结程度高,在温度低至 -10 ℃、湿度大于85%的恶劣环境下使用时,黏结效果仍然很好,易于模型的制作,是无毒、无刺激性气味的绿色环保产品。黏结胶的主要性能指标见表 3-1。

表 3-1　黏结胶的主要性能指标

项目		三和特效万能胶
外观		淡棕色黏稠体
可操作时间(20 ℃)/min		25
指触干时间(20 ℃)/h		8~12
完全固化时间(20 ℃)/d		8~10
使用环境	常规温度/℃	0~35
	常规湿度/%	75
板与板黏结强度/MPa	剪切强度	≥12
	正拉强度	≥16
胶体性能	压缩强度/MPa	≥40
	拉伸强度/MPa	≥20
	弯曲强度/MPa	≥30

3.4 平顶四坡折板结构模型材料性能测定

常温、静载下的轴向拉伸试验是材料力学试验中最基本、应用最广泛的试验。通过拉伸试验,可以全面地测定材料的力学性能,如弹性、塑性、强度、断裂等力学性能指标。这些性能指标对材料力学的分析计算、工程设计、材料选择和新材料开发都有极其重要的作用。

弹性模量 E 是表示材料力学性能的重要指标之一,它反映了材料抵抗弹性变形的能力,即材料的刚度。在工程设计中,若对构件进行刚度、稳定性和振动等计算,都要用到弹性模量 E。它是通过试验的方法得到的,主要有引伸计法、电测法和图解法等。本书试验采用电测法测得了有机玻璃材料的弹性模量 E 和泊松比 μ,同时验证了材料在比例极限内服从虎克定律。

3.4.1 模型制作

3.4.1.1 试验材料及设备

(1)试验所用材料为有机玻璃板,不同厂家生产的厚度为 3 mm 和 4 mm 两种板材。

(2)试验所用仪器为智能全数字式静态应变仪(见图 3-4)、矩形截面有机玻璃拉伸试件、游标卡尺、电阻应变计、万用表、导线、拨线钳、螺丝刀、各种有机玻璃加工工具,以及电烙铁、焊锡、胶布等其他辅助设备和材料。

3.4.1.2 有机玻璃材料弹性模量及泊松比测定试件尺寸

测定有机玻璃弹性模量和泊松比的试件尺寸如图 3-5 所示;制作成型及试验过程中所用到的温度补偿试件之一如图 3-6 所示。

3.4.1.3 有机玻璃材料弹性模量及泊松比测定试件制作

在确定好模型的各个参数之后对有机玻璃板进行加工制作,为模型的制作做好准备工作。首先,用直尺在有机玻璃板上量出所要加工模型需要的试验尺寸,并在原来设计尺寸的基础上扩大 0.5 cm,以保证在手工加工和精确加工时的误差。其次,用铅笔在有机玻璃板上画

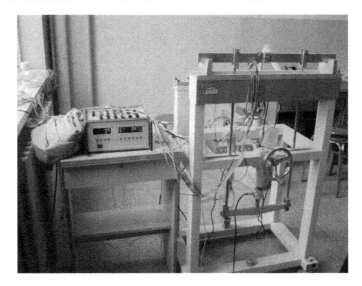

图 3-4　智能全数字式静态应变仪

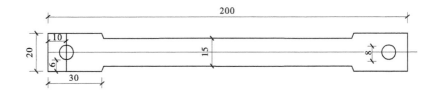

图 3-5　试件尺寸　（单位：mm）

出加工轮廓线，然后用钩刀进行加工，在加工过程中要注意加工的精度要求并要注意人身安全。最后，将用钩刀加工好的有机玻璃板进行精细化加工，用磨光机把模板周边磨平。

3.4.2　模型材料弹性模量与泊松比测定方法

采用电测法对有机玻璃的弹性模量 E 和泊松比 μ 进行测量，在材料弹性范围内，只需要测得在相应载荷作用下的弹性变形 ΔL 或者弹性应变 ε，就可以得出弹性模量 E，实际上测定弹性模量也就是对其弹

图3-6　温度补偿试件之一

性变形的测量。由于试件的弹性变形或弹性应变很微小,所以需要借助于引伸计或电阻应变片技术(电测法)进行测量。试验主要是在矩形截面拉伸试件上,沿其轴向和垂直于轴向的两面各粘贴两张电阻应变片,如图3-7所示。

测定材料弹性模量 E ,通常采用比例极限内的拉伸试验,材料在比例极限内服从虎克定律,其关系式为

$$\sigma = E\varepsilon = \frac{F}{S_0} \tag{3-16}$$

从而,可得

$$E = \frac{F}{S_0\varepsilon} = \frac{\Delta F}{\Delta\varepsilon S_0} \tag{3-17}$$

式中:E 为弹性模量;F 为载荷;S_0 为试件的截面面积;ε 为应变;ΔF 和 $\Delta\varepsilon$ 分别为载荷和应变的增量。

试验可以用半桥接法和全桥接法两种方式进行。

(1)半桥接法:把一片应变计的两端分别接在应变仪的 A、B 接线端上,温度补偿片接到应变仪的 B、C 接线端上,然后给试件缓慢加载,通过电阻应变仪即可测出对应载荷下的轴向应变值 $\varepsilon_{\gamma\text{轴}}$。再将实际测得的值代入式(3-17)中,即可求得弹性模量 E。

(2)全桥接法:把两片轴向(或两片垂直于轴向)的应变计和两片温度补偿片按图3-8中(a)或(b)的接法接入应变仪的 A、B、C、D 接线

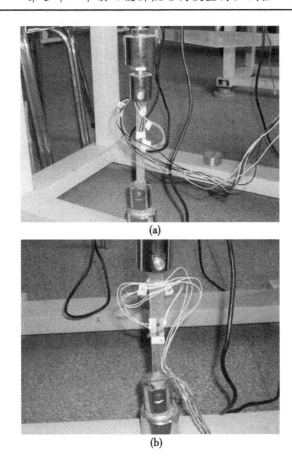

(a)

(b)

图 3-7　厚度分别为 3 mm、4 mm 的 6 个有机玻璃板试件的轴向拉伸试验

柱中,然后给试件缓慢加载,通过电阻应变仪即可测出对应载荷下的轴向应变值 $\varepsilon_{\gamma\text{轴}}$(或 $\varepsilon_{\gamma\text{横}}$),因为应变仪所显示的应变是两片应变计的应变之和,所以试件轴向(或垂直于轴向)的应变是应变仪所显示值的一半,即

$$\varepsilon_{\text{轴}} = \frac{1}{2}\varepsilon_{\gamma\text{轴}}, \varepsilon_{\text{横}} = \frac{1}{2}\varepsilon_{\gamma\text{横}} \tag{3-18}$$

将所测得的 ε 值代入式(3-18)中,即可求得弹性模量 E。

　　在试验中,为了尽可能减少测量误差,一般采用等增量加载法,逐级加载,分别测得在各相同载荷增量 ΔP 作用下产生的应变增量 $\Delta \varepsilon$,并求出 $\Delta \varepsilon$ 的平均值,这样式(3-17)可以写成

$$E = \frac{\overline{\Delta F}}{\overline{\Delta \varepsilon} \cdot S_0} \tag{3-19}$$

式中:$\overline{\Delta \varepsilon}$ 为试验中轴向应变增量的平均值。这就是等量加载法测 E 的计算公式。

　　具体应变片粘贴及接线方式如图3-8所示。

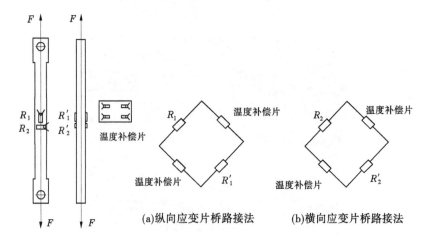

(a)纵向应变片桥路接法　　　　(b)横向应变片桥路接法

图 3-8　测定 E、μ 的贴片及接线方案

　　等量加载法可以验证力与变形间的线性关系。若各级载荷的增量 ΔF 均相等,相应地由应变仪读出的应变增量 $\Delta \varepsilon$ 也应大致相等,这就验证了虎克定律。

　　测定泊松比 μ 值。受拉试件的轴向伸长必然引起横向收缩。在弹性范围内,横向线应变 $\varepsilon_{横}$ 和轴向应变 $\varepsilon_{轴}$ 的比值为一常数,其比值的绝对值即为材料的泊松比,通常用 μ 来表示。

$$\mu = \left| \frac{\varepsilon_{横}}{\varepsilon_{轴}} \right| \tag{3-20}$$

3.4.3　模型材料弹性模量测定过程及测定值

3.4.3.1　测定过程试验步骤

(1)测量试件的尺寸,将两面的横向和纵向各贴一片电阻应变计的试件安装在多功能电测试验装置上。

(2)根据采用半桥或全桥的试验方法,相应地把要测的电阻应变计和温度补偿片接在智能全数字式静态应变仪的 A、B、C、D 接线柱上。

(3)打开智能全数字式静态应变仪电源,设定好参数,预热 5 min。在试验过程中,桥路的连接及采集过程如图 3-9 所示。

(4)根据材料的屈服强度 σ_p 估算出相应的 P_p,使得试验的最大载荷不超过 P_p。

(5)试验采用手动加载,如图 3-10 所示,对试件预加初载荷 100 N 左右,用来消除连接间隙等初始因素的影响。然后,调零应变仪,从荷载为零开始加载,分 8 次对试件进行逐级加载,每次加相同的载荷 $\Delta P = 50$ N,依次按 150 N、200 N、250 N、300 N 加载,直至 500 N。每加载一次都要对应变仪进行读数。计算出每级读数的增量 $\Delta\varepsilon$,观察其变化。试验总共进行了 3 次,取线性较好的一组数据使用。

3.4.3.2　试验中的注意事项

在试验过程中为了夹紧试样,并消除试验机试件栓孔的间隙,必须施加一定数量的初载荷 F_0。在安装引伸计后,加两倍的初载荷,然后卸载至初载荷,观察仪器是否正常。当确认应变仪工作正常后,正式从初载开始,逐级加载。在试验时,应注意以下几点:

(1)试验应在比例极限内进行,故最大应力不能超过比例极限,但也不宜低于它的一半,一般低碳钢材料在弹性模量测试中的最大应力取屈服强度的 70%~80%。

(2)最大载荷要与试验机测力范围相适应。

(3)最大变形要与引伸计量程相适应。

(4)至少应有 5~7 级加载,每级载荷要使应变值有明显变化。

最后,由试验数据来计算每组试件的算术平均值,再通过式(3-16)和式(3-17)得出相应的弹性模量和泊松比。在常温下所测试验数据见

表 3-2~表 3-9。

图 3-9　桥路连接及数据采集过程

图 3-10　试验手动加载过程

表 3-2　1 号试件(3 mm)

荷载/N	$\varepsilon_{横1}$	$\varepsilon_{横2}$	$\varepsilon_{轴1}$	$\varepsilon_{轴2}$	$\Delta\varepsilon_{横}$	$\Delta\varepsilon_{轴}$	$\overline{E}$/GPa	$\overline{\mu}$
150	−105	−103	242	262	−95	284		
200	−201	−197	530	542	−95.5	296		
250	−299	−290	829	835	−97	297		
300	−398	−385	1 127	1 131	−98.5	292.5		
350	−499	−481	1 423	1 420	−94.5	290	3.249	0.333
400	−596	−573	1 721	1 702	−98.5	294		
450	−698	−668	2 019	1 992	−103.5	297.5		
500	−802	−771	2 318	2 288	−97.5	293		

表 3-3　2 号试件 (3 mm)

荷载/N	$\varepsilon_{横1}$	$\varepsilon_{横2}$	$\varepsilon_{轴1}$	$\varepsilon_{轴2}$	$\Delta\varepsilon_{横}$	$\Delta\varepsilon_{轴}$	$\overline{E}$/GPa	$\overline{\mu}$
150	−117	−112	304	333	−92.5	282.5		
200	−210	−204	586	616	−96	286		
250	−307	−299	873	901	−95.5	290		
300	−402	−395	1 163	1 191	−94	284.5		
350	−497	−488	1 444	1 479	−95	289	3.313	0.331
400	−593	−582	1 737	1 764	−95	288		
450	−688	−677	2 022	2 055	−93.5	292.5		
500	−781	−771	2 317	2 345	−94.5	287.5		

表 3-4　3 号试件 (3 mm)

荷载/N	$\varepsilon_{横1}$	$\varepsilon_{横2}$	$\varepsilon_{轴1}$	$\varepsilon_{轴2}$	$\Delta\varepsilon_{横}$	$\Delta\varepsilon_{轴}$	$\overline{E}$/GPa	$\overline{\mu}$
150	−93	−85	314	325	−95	297		
200	−187	−181	609	624	−97.5	296.5		
250	−283	−280	904	922	−98	299		
300	−382	−377	1 201	1 223	−99	298		
350	−482	−475	1 499	1 521	−99	298.5	3.185	0.329
400	−581	−574	1 798	1 819	−99	300.5		
450	−679	−674	2 100	2 118	−101	303.5		
500	−780	−775	2 413	2 412	−98.4	299		

表 3-5　1 号试件 (4 mm)

荷载/N	$\varepsilon_{横1}$	$\varepsilon_{横2}$	$\varepsilon_{轴1}$	$\varepsilon_{轴2}$	$\Delta\varepsilon_{横}$	$\Delta\varepsilon_{轴}$	$\overline{E}$/GPa	$\overline{\mu}$
150	−65	−63	220	223	−62.5	197		
200	−128	−125	418	419	−76.5	200		
250	−202	−204	621	616	−70	201.5		
300	−270	−276	825	815	−69.5	198.5	3.702	0.335
350	−336	−349	1 024	1 013	−72	200.5		
400	−411	−418	1 227	1 211	−62.5	200		
450	−475	−479	1 430	1 408	−57.5	204.5		
500	−534	−535	1 631	1 616	−67	200		

表 3-6　2 号试件 (4 mm)

荷载/N	$\varepsilon_{横1}$	$\varepsilon_{横2}$	$\varepsilon_{轴1}$	$\varepsilon_{轴2}$	$\Delta\varepsilon_{横}$	$\Delta\varepsilon_{轴}$	$\overline{E}$/GPa	$\overline{\mu}$
150	−73	−68	218	208	−66	194		
200	−138	−135	411	403	−66	199.5		
250	−208	−197	610	603	−71	201.5		
300	−284	−263	812	804	−67	202	3.649	0.331
350	−354	−327	1 013	1 007	−64	204		
400	−424	−385	1 215	1 213	−68.5	205		
450	−497	−449	1 419	1 419	−68.5	215		
500	−567	−516	1 637	1 631	−67.2	203		

表 3-7　3 号试件（4 mm）

荷载/N	$\varepsilon_{横1}$	$\varepsilon_{横2}$	$\varepsilon_{轴1}$	$\varepsilon_{轴2}$	$\Delta\varepsilon_{横}$	$\Delta\varepsilon_{轴}$	$\overline{E}$/GPa	$\overline{\mu}$
150	−68	−69	222	218	−63.5	199.5		
200	−132	−132	421	418	−68.5	205.5		
250	−203	−198	631	619	−69	208		
300	−276	−263	841	825	−70.5	203.5	3.596	0.333
350	−349	−331	1 041	1 032	−70	208		
400	−422	−398	1 250	1 239	−71	203.5		
450	−496	−466	1 449	1 447	−68	213		
500	−560	−538	1 667	1 655	−68.6	206		

表 3-8　综合分析弹性模量和泊松比（3 mm 试件）

试件	弹性模量 E/GPa	泊松比 μ
1 号试件	3.249	0.333
2 号试件	3.313	0.331
3 号试件	3.185	0.329
平均值	3.249	0.331

表 3-9　综合分析弹性模量和泊松比（4 mm 试件）

试件	弹性模量 E/GPa	泊松比 μ
1 号试件	3.702	0.335
2 号试件	3.649	0.331
3 号试件	3.596	0.333
平均值	3.649	0.333

试验最终所采用的有机玻璃板弹性模量和泊松比如下：

(1)3 mm 厚度有机玻璃板：$E = 3.249$ GPa，$\mu = 0.331$。

(2)4 mm 厚度有机玻璃板：$E = 3.649$ GPa，$\mu = 0.333$。

3.5　本章小结

(1)通过参考相关的文献和试验资料，阐述了工程结构试验的分类、试验目的、主要环节等，并对模型试验的特点和基本流程进行介绍。

(2)根据模型设计的相似理论，确定了本次试验模型制作的缩尺比例，采用 3 mm 和 4 mm 两种厚度的有机玻璃板来进行折板结构试验研究，同时对模型材料和模型黏合材料的基本性能加以介绍。

(3)测定有机玻璃材料的弹性模量 E 和泊松比 μ。经过试验结果的综合分析处理，得出 3 mm 厚的有机玻璃板弹性模量 $E = 3.249$ GPa，$\mu = 0.331$；4 mm 厚的有机玻璃板弹性模量 $E = 3.649$ GPa，$\mu = 0.333$。

第 4 章 对边简支对边固支平顶四坡折板结构静载模型试验与分析

在工程结构理论研究与实践中,大多以实际结构模型作为结构试验的对象,试验时,可以观测和研究结构或构件的承载力、刚度、抗裂性等基本性能和破坏机制。结构静载试验主要用来模拟结构在承受静力荷载作用下的工作状态,试验时可以观测和研究结构或构件的力、位移、应变、裂缝宽度及分布、破坏失稳等情况,是分析、判定结构的工作状态与受力情况的重要手段,是发展和验证结构理论的重要途径,是发现结构设计问题的主要方法,是建筑结构质量鉴定的直接方式,是制定各类技术规范和技术标准的基础。

4.1　模型制作

在工程结构试验中,为了达到试验目的,需要设计多个试件进行比较试验以获得比较理想可信的数据。一般地,试件的数量主要取决于测试参数的多少,测试参数越多,则试件数量越多。若能采用科学合理的方法进行设计,如通常采用的正交设计法,则可以大幅度减少试件数量从而能够满足试验目的。本试验采用四个平顶四坡折板结构模型(有机玻璃板厚度分别为 3 mm 和 4 mm 各两个),平顶四坡折板由四块梯形板和一块平行于底面的矩形板组成,矩形板和底面间的距离为 f,如图 4-1 所示。

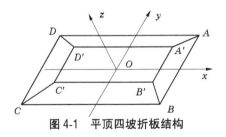

图 4-1　平顶四坡折板结构

4.1.1　模型的制作

在模型制作加工中所采用的工具有钩刀、直尺、手套、透明胶布、酒精、酒精棉、镊子、钳子、剪刀、螺丝刀、圆锉、三角锉、平锉、白胶布、裁纸刀等。根据试验模型设计方案,手工进行有机玻璃板的加工,并用黏胶把各块板黏合起来,精确控制各块板的尺寸以及板与板之间的角度。

模型尺寸:底面边长 $a = 150$ mm, $b = 120$ mm;顶板边长 $a_0 = 70$ mm, $b_0 = 40$ mm;矢高 $f = 32$ mm;厚度分别为 $h = 3$ mm 和 $h = 4$ mm 两种。

平顶四坡折板结构模型的平面图及剖面图如图 4-2、图 4-3 所示。

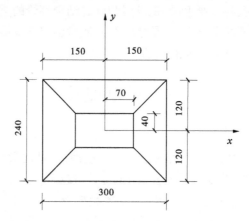

图 4-2　平顶四坡折板结构平面图　(单位:mm)

在制作时,首先用直尺在有机玻璃板上量出模型所需要的尺寸,用铅笔画出模型的轮廓线,用钩刀加工有机玻璃,然后使用磨光机将已加工好的有机玻璃板周边进行磨平,用平锉把模型的周边锉成斜面,各个板的斜面要一致且平整,以便有机玻璃板在组合成模型时能够保证有足够的接触面积,从而使组成模型的有机玻璃板之间的接触面受力均匀以达到设计的要求。同时,为了在试验时模型不致因板与板之间黏合处接触面太少而发生破坏,又在其交接黏合处用 6 mm 的有机玻璃板作为加筋肋,用黏胶把两块板进行黏结。模型的底座采用 6 mm 厚的有机玻璃板进行加工,依据模型的底边尺寸,用圆锉在底板上锉出圆弧槽,使结构的两短边不能上下、左右移动而只能够转动,两长边均不能上下、左右移动和转动,保证模型的支座形式为对边简支对边固支。

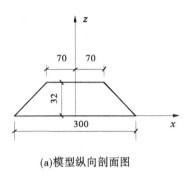

(a)模型纵向剖面图

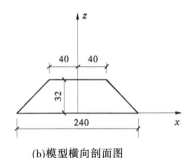

(b)模型横向剖面图

图 4-3 平顶四坡折板结构剖面图 （单位：mm）

4.1.2 应变片的粘贴

试件的应变是通过黏结剂将应变传递给电阻应变片的丝栅,因而应变片的粘贴质量将直接影响应变的测量结果。应变片的粘贴技术包括选片、选黏结剂、粘贴和防水防潮处理等。具体步骤如下：

(1)对应变片进行检查,选择应变片的规格和类型,应逐片进行外观检查,应变片丝栅应平直,片内无气泡、霉斑、锈点等缺陷,剔除不合格的应变片,用万用电表检查,并用单臂电桥逐片测定阻值并以阻值大小分组,同一测区应用阻值基本一致的应变片,相差不大于 0.5%。

(2)选择黏合剂,黏合剂分为水剂和胶剂两类,视应变片基底材料和试件材料的不同而选择不同的黏合剂。在有机玻璃这种匀质材料上粘贴应变片,均采用氰基丙烯酸类黏合剂 KH502。

(3)试件表面清理。为了使应变片能够牢固地粘贴在有机玻璃板表面上,对有机玻璃模型表面贴片部位进行清理,除去表面的锈斑、污垢,试件表面用砂布进行交叉打磨,酒精棉球蘸酒精清洗贴片处,更换棉球反复擦,直至棉球无污染。经清洗后的表面勿用手接触,保持干净,以待使用。

(4)应变片的粘贴与干燥。选择合适的黏合剂,在试件表面画出测点的纵横中心线,纵线应与应变方向一致。在预定贴片处及应变片底面涂一薄层均匀的胶水,片刻以后使用镊子将应变片贴在预定的位置上,并沿同一方向轻轻地滚压应变片挤出多余的胶水和气泡,使应变片在预定的位置上能够完全密合。

(5)应变片的粘贴质量检查。粘贴在试件上的应变片在进行固化前应对其粘贴质量进行初步检查。借助放大镜用肉眼进行外观检查,查看应变片有无气泡及边角翘起等现象,方位是否准确;而后用万用电表检查应变片有无短路和断路,用单臂电桥量测应变片的电阻值应与粘贴前基本相同,用兆欧表量测应变片与试件的绝缘电阻,检查敏感栅的中线是否与测点方位线重合。如果电阻值的变化很明显,应该检查焊点的质量。

(6)焊接导线。首先在应变计引出线底下贴胶布,以保证引出线不与试件形成短路;然后用胶固定或用胶布固定电线,要保证电线轻微拉动时引出线不断;最后用电烙铁把测量导线的一端与引出线焊接,保证焊点应圆滑、丰满,无虚焊,测量导线的另一端与应变仪测量桥连接。

(7)防潮和防水处理。检查应变片贴片质量合格后,立即用防潮剂和纱布绷带将已粘贴好的应变片加以保护,防止应变片受潮或机械损坏。

本试验应变片型号为 BE120-3AA,灵敏系数 2.13±0.021 3%,电阻(119.9±0.1)Ω。平顶四坡折板应变片粘贴位置、应变片的测点布置如图 4-4、图 4-5 所示。

4.1.3　平顶四坡折板试验模型

成型后的平顶四坡折板试验模型之一如图 4-6 所示。

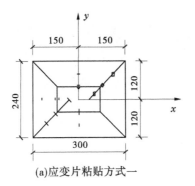

(a)应变片粘贴方式一

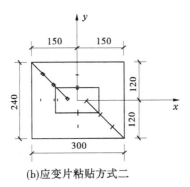

(b)应变片粘贴方式二

图 4-4　应变片的粘贴位置示意图　（单位:mm）

图 4-5　平顶四坡折板应变片粘贴位置

图 4-6　平顶四坡折板试验模型

4.2　试验仪器

本试验主要研究平顶四坡折板结构在边界条件为对边简支对边固支的情况下,受静荷载作用时的力学性能变化,观测折板结构在逐级加载过程中应力、应变和顶板位移的变化情况,分析比较 3 mm 和 4 mm 两种不同厚度的平顶四坡折板结构在静载作用下的三个特殊截面的受力性能。试验主要使用 MTS 810 Material Test System 加载设备进行加载,如图 4-7 所示;采用 DH3816、DH3817 应变采集仪进行试验数据采集,如图 4-8 所示。试验中还用到百分表、位移传感器(已标定)、电阻应变仪、万用表、承担荷载分配用钢板、垫板、导线、拨线钳、螺丝刀、各种有机玻璃加工工具、电烙铁、焊锡、胶布等其他辅助设备,以及材料、手套等劳动保护工具。

模型试验测试系统包括静力应力应变测试系统、位移测试系统。应变测试系统由电阻应变片及应变仪组成,采用电测法进行静载、动载结构应力分布测试;位移测试采用百分表和位移计进行,百分表通过支架固定,以测量模型的顶板位移。

图 4-7　MTS 810 Material Test System 加载设备

(a)

图 4-8　DH3816、DH3817 应变采集仪

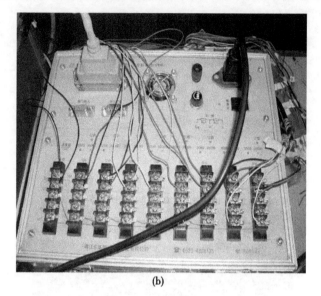

(b)

续图 4-8

4.3　测点布置与加载方式

4.3.1　测点布置

合理地布置测点,是获得试验准备和有代表性数据的前提条件,应尽可能地通过所布置的测点来观察其整个模型的内力分布及变形情况。应变片和位移计的布置原则是跟踪应力最大剖面的应变变化和位移最大点的位移变化。使用仪器对结构或构件进行内力和变形等参数量测时,测点的选择与布置应满足以下原则。

(1)在能够满足试验目的的前提下,测点布置宜少不宜多。通常情况下,测点布置得越多,越能够了解其结构构件的受力状态和变形情况。但是,如果在能够满足试验目的的情况下,布设多余的测点将不可避免地带来人力、财力的浪费,以及仪器设备的耗损等,数据处理也需要耗费大量的时间。因此,测点布置应根据试验目的,充分发挥每一个测点的功能,提高效率和保证质量。每个测点布置应能够满足结构进行试验分析的需要,不应过多地去追求数量而不切实际地盲目布置测点。布置测点前应对测试结构构件进行初步结算,合理布置测点,力求用最少的工作量和资金获得所需要的试验数据资料。

(2)测点位置必须具有代表性,测点应布置在最能够反映其结构构件真实受力性能的位置。通常情况下,测点布置宜通过预先分析计算进行确定。在试验过程中,部分测量仪器可能会出现不正常或发生故障等情况导致量测的数据失真等,因此除基本测点外,还应在已知参数位置上布置一定数量的校核性测点,以便判定基本测点数据的可靠程度。

(3)测点布置应有利于试验操作和测读,对于不方便观测和不便安装仪器的部位,应尽量不设或少设测点,如果确实需要在该部位布置测点,应考虑安全措施或选择合适的仪器或特殊的测定方法来满足量测要求。

本试验在模型的 4 个坡的外表面和顶板上面的 1—1、2—2、3—3 三个特殊截面的两侧位置粘贴应变片,如图 4-9 所示;在顶板对角线顶角的垂直位置布置 2 个百分表,用于测定平顶四坡折板结构顶面处的位移值,如图 4-10 所示。

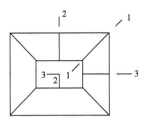

图 4-9　三个特殊截面位置

顶板位移采用的测量仪器为机械式百分表,由人工采集试验数据。百分表触头安装在顶板的 4 个角引出的有机玻璃小短杆上,用于监控顶板的竖向位移,百分表最大量程为 10 mm。

4.3.2　加载方式

在试验加载过程中,主要是通过在平顶四坡折板结构模型的顶板 4 个角点处,采用钢板传递进行静力加载试验,试件加载方式如图 4-11 所示。用逐级加载的方法将荷载逐级加载到试验所需的相应荷载值,观察其结构的变形,并记录相关试验数据。在满载的情况下持

图 4-10　顶板顶角处布置的百分表

续停留一定的时间,观测变形的发展,然后再分级进行卸载,卸完后再保持一定的空载时间,再分级加载直到结构发生破坏。

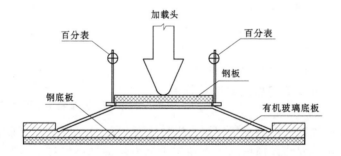

图 4-11　试件加载方式

MTS 810 Material Test System 加载装置的加载数值通过油压表和力传感器进行双控,它能够准确地控制加载过程中施加力的大小,并且能够在加载力保持不变的条件下有效地控制其加载位移,在加载过程中可以实现重复静力加载,这使得研究模型稳定性能成为可能。试件加载装置如图 4-12 所示,利用 DH3816 静态数据采集系统试验数据采集如图 4-13 所示。

图 4-12 试件加载装置

采用逐级加载不但可以有效地控制加载速度,而且能够观测其结构随荷载变化而产生的变形规律,以便对结构的各阶段工作性能有更深刻的了解。从操作上来看,分级加卸荷载也为加载和观测提供了方便的条件。在静力加载过程中主要包括 3 个阶段,分别为预加载、设计荷载和破坏荷载。

首先,在结构进行正式加载试验前,需要对结构进行预载试验。以保证结构进入正常的工作状态,特别是对尚未负载的新构件,其在制造时节点与接合部位难免存在缝隙,经过预载可使其进一步密实,经过若干次荷载重复加卸循环后,变形与荷载的关系才趋于稳定。同时,通过预载可以检查试验组织工作和人员情况,使试验工作人员熟悉自己所担任的任务,掌握调表、读数等操作技术,检查加载装置和荷载设备的可靠性,检查测试仪表是否进入正常工作状态;并对预载试验发现的问题进行逐一解决,保证采集的数据准确无误。

图 4-13　利用 DH3816 静态数据采集系统进行试验数据采集

其次,在试验开始后,对模型进行分级加载,每级加载值取设计荷载值的 10%(50 N),分十二级加载至设计荷载,再分十二级卸完。每次加载从开始至结束大约为 1 min。从上一级加载结束至下一级加载开始,持续时间为 10 min,以保证结构的变形能够充分地反映出来。如果持续时间过短,结构的变形未能充分反映,就会得到偏小的变形数

值,影响试验结果的准确性。只有当每级荷载作用下的变形基本稳定
后,才能再递加下一级荷载。试验数据采用人工读取,待测量仪器的数
据稳定后进行读数。

最后,当荷载加载至计算破坏荷载的 90% 后,为了求得精确的破
坏荷载值,使每级加载值为设计荷载的 5% 并进行加载,直至结构破
坏。在破坏荷载阶段,要特别注意测试时人员和仪器设备的安全。

4.4　试验加载过程

3 mm 厚的平顶四坡折板结构加载(1 号模型)过程如下:

(1)测试系统正常状态;

(2)模型就位;

(3)设定设备的试验参数;

(4)预加载,使模型结构处于初始状态;

(5)测试系统平衡、清零;

(6)按设计荷载值一加载;

(7)稳定 10 min,测量应变、读取位移、数据存盘、记录位移读数;

(8)按设计荷载值二加载;

(9)稳定 10 min,测量应变、读取位移、数据存盘、记录位移读数;

(10)按设计荷载值三加载;

(11)稳定 10 min,测量应变、读取位移、数据存盘、记录位移读数;

(12)按设计荷载值四加载;

(13)稳定 10 min,测量应变、读取位移、数据存盘、记录位移读数;

(14)按设计荷载值五加载;

(15)稳定 10 min,测量应变、读取位移、数据存盘、记录位移读数;

(16)按设计荷载值六加载;

(17)稳定 10 min,测量应变、读取位移、数据存盘、记录位移读数;

(18)按设计荷载值七加载;

（19）稳定 10 min，测量应变、读取位移、数据存盘、记录位移读数；

（20）按设计荷载值八加载；

（21）稳定 10 min，测量应变、读取位移、数据存盘、记录位移读数；

（22）按设计荷载值九加载；

（23）稳定 10 min，测量应变、读取位移、数据存盘、记录位移读数；

（24）按设计荷载值十加载；

（25）稳定 10 min，测量应变、读取位移、数据存盘、记录位移读数；

（26）按设计荷载值十一加载；

（27）稳定 10 min，测量应变、读取位移、数据存盘、记录位移读数；

（28）按设计荷载值十二加载；

（29）稳定 10 min，测量应变、读取位移、数据存盘、记录位移读数。

平顶四坡折板 3 mm 厚的 2 号模型和 4 mm 厚的两个模型与上述模型加载步骤一样。在试验过程中的部分加载如图 4-14 ~ 图 4-17 所示。

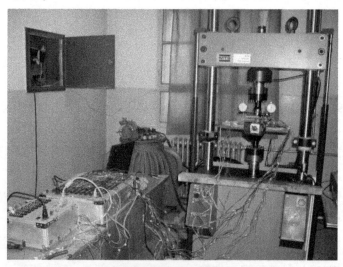

图 4-14　模型试验加载一

图 4-15　模型试验加载二

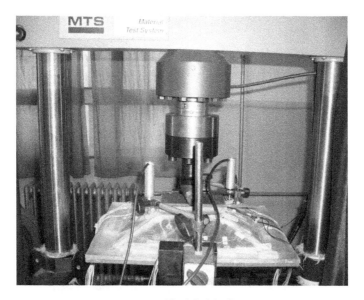

图 4-16　模型试验加载三

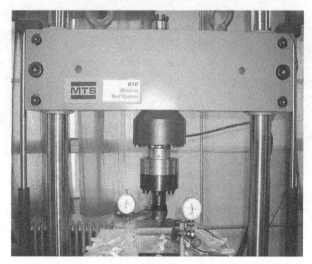

(a)

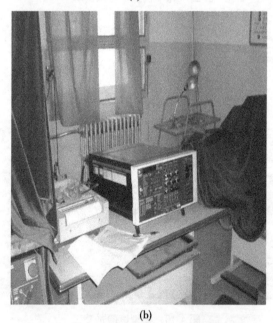

(b)

图 4-17　模型试验 200 N 加载中

4.5　静载试验结果整理分析

在集中荷载作用下,当荷载超过 400 N 以后,对于有机玻璃模型材料而言,此时的应力已能产生 2 000 微应变。为了保证结构是在弹性范围内加载,测量值能有足够的精度,所以只将荷载范围取至折板结构 300 N 的情况来进行试验研究。

(1)试验中所测平顶四坡顶板位移见表 4-1 和表 4-2,3 mm、4 mm 厚的平顶四坡折板顶板位移曲线如图 4-18、图 4-19 所示。

表 4-1　平顶四坡顶板位移(3 mm 厚度模型)

项目		荷载/N					
		50	100	150	200	250	300
位移/mm	左侧	−0.009 9	−0.019 9	−0.029 8	−0.039 8	−0.049 8	−0.059 7
	右侧	−0.009 9	−0.020 2	−0.030 4	−0.040 4	−0.050 4	−0.060 2
	平均值	−0.009 9	−0.020 1	−0.030 1	−0.040 1	−0.050 1	−0.060 0

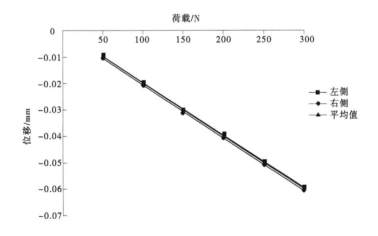

图 4-18　平顶四坡折板顶板位移(3 mm 厚)

表 4-2 平顶四坡折板顶板位移(4 mm 厚度模型)

项目		荷载/N					
		50	100	150	200	250	300
位移/mm	左侧	−0.006 9	−0.012 9	−0.018 8	−0.024 8	−0.030 8	−0.035 6
	右侧	−0.006 9	−0.013 5	−0.019 4	−0.025 6	−0.031 6	−0.036 3
	平均值	−0.006 9	−0.013 2	−0.019 1	−0.025 2	−0.031 4	−0.036 0

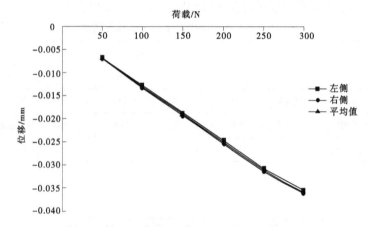

图 4-19 平顶四坡折板顶板位移(4 mm 厚)

(2)试验中所测平顶四坡折板各截面测点应变数据值见表 4-3~表 4-14。

表 4-3 3 mm 厚平顶四坡折板 1—1 截面沿 x 轴向应变值(με)

位置/mm	荷载/N					
	50	100	150	200	250	300
0	−30	−61	−91	−122	−153	−183
70	2	5	7	9	13	14
110	−1	−2	−4	−5	−6	−7

表 4-4 　3 mm 厚平顶四坡折板 1—1 截面沿 y 轴向应变值（$\mu\varepsilon$）

位置/mm	荷载/N					
	50	100	150	200	250	300
0	16	32	48	65	81	97
70	−7	−15	−22	−29	−36	−43
110	−2	−5	−7	−10	−13	−16

表 4-5 　3 mm 厚平顶四坡折板 2—2 截面沿 x 轴向应变值（$\mu\varepsilon$）

位置/mm	荷载/N					
	50	100	150	200	250	300
0	−30	−61	−91	−122	−143	−182
40	−10	−20	−29	−39	−49	−59
80	−8	−16	−24	−32	−40	−48

表 4-6 　3 mm 厚平顶四坡折板 2—2 截面沿 y 轴向应变值（$\mu\varepsilon$）

位置/mm	荷载/N					
	50	100	150	200	250	300
0	16	32	48	65	82	97
40	−5	−9	−14	−18	−22	−28
80	−8	−15	−23	−31	−39	−46

表 4-7 　3 mm 厚平顶四坡折板 3—3 截面沿 x 轴向应变值（$\mu\varepsilon$）

位置/mm	荷载/N					
	50	100	150	200	250	300
0	−30	−61	−91	−122	−152	−182
70	−11	−22	−33	−44	−55	−66
110	−18	−36	−55	−73	−91	−109

表 4-8　3 mm 厚平顶四坡折板 3—3 截面沿 y 轴向应变值($\mu\varepsilon$)

位置/mm	荷载/N					
	50	100	150	200	250	300
0	16	33	48	65	82	97
70	−27	−53	−80	−106	−132	−158
110	3	5	7	10	13	16

表 4-9　4 mm 厚平顶四坡折板 1—1 截面沿 x 轴向应变值($\mu\varepsilon$)

位置/mm	荷载/N					
	50	100	150	200	250	300
0	−21	−43	−64	−85	−107	−126
70	6	12	18	24	30	36
110	−1	−2	−3	−4	−6	−8

表 4-10　4 mm 厚平顶四坡折板 1—1 截面沿 y 轴向应变值($\mu\varepsilon$)

位置/mm	荷载/N					
	50	100	150	200	250	300
0	11	21	32	42	53	64
70	0.5	0.9	1	2	2.3	2.7
110	−2	−4	−6	−9	−11	−13

表 4-11　4 mm 厚平顶四坡折板 2—2 截面沿 x 轴向应变值（$\mu\varepsilon$）

位置/mm	荷载/N					
	50	100	150	200	250	300
0	−21	−43	−64	−85	−107	−129
40	−9	−17	−26	−34	−43	−52
80	−6	−11	−17	−23	−28	−33

表 4-12　4 mm 厚平顶四坡折板 2—2 截面沿 y 轴向应变值（$\mu\varepsilon$）

位置/mm	荷载/N					
	50	100	150	200	250	300
0	11	21	32	42	53	64
40	−5	−9	−13	−18	−22	−23
80	−5	−11	−16	−21	−27	−33

表 4-13　4 mm 厚平顶四坡折板 3—3 截面沿 x 轴向应变值（$\mu\varepsilon$）

位置/mm	荷载/N					
	50	100	150	200	250	300
0	−21	−43	−64	−85	−107	−129
70	−8	−16	−24	−32	−40	−49
110	−12	−25	−37	−50	−62	−76

表 4-14　4 mm 厚平顶四坡折板 3—3 截面沿 y 轴向应变值（$\mu\varepsilon$）

位置/mm	荷载/N					
	50	100	150	200	250	300
0	11	21	32	42	53	64
70	−19	−38	−56	−75	−94	−113
110	2	5	7	9	12	15

4.6　本章小结

（1）进行了平顶四坡折板结构试验模型制作，并针对模型的尺寸、应变片的粘贴方法及试验步骤进行了简单说明。

（2）介绍了模型试验的工作条件、加载方式、测点布置和试验加载的过程，对试验结果进行整理分析。通过试验结果分析得出以下结论：

①在试验进行逐级加载的过程中，结构的位移和应变基本趋于线性；试验分析结果与理论计算结果之间的误差主要在加荷载的位置、约束条件、粘胶材料等方面，但这些因素并不影响线性理论的适用性。

②在进行模型试验加载的过程中，由于模型材料有机玻璃板在受到较高荷载的作用下，出现黏结剂松动现象，有机玻璃板之间不能很好地黏结，不能充分发挥有机玻璃板本身的材料特性，因此建议在以后的模型试验中采用更高性能的黏结剂。

（3）静力破坏荷载试验表明：在整个破坏过程中，整体结构表现出良好的延性；根据理论计算和试验结果，验证了所采用的结构静力分析模型是适用的。

第 5 章　对边简支对边固支
平顶四坡折板结构的有限元分析

5.1　折板结构的有限元法概述

有限元法是解决工程实际问题的一种有力的数值计算工具,在求解实际工程技术问题时,通常建立基本方程和边界条件比较容易,但求得解析解却是很困难的,只有少数边界规则问题才能得以求出。随着计算机技术的快速发展,大量的数值计算问题能够得以解决。因此,采用数值解法来解决复杂的工程问题变得越来越普遍,有限单元法作为一种有着坚实理论基础和广泛应用领域的数值分析方法,已经成为解决复杂工程分析计算问题的有效途径。

有限元的基本思想是将表示结构的连续体离散为若干个单元,单元之间通过其边界上的节点连接成组合体。用每个单元内所假设的近似函数分片地表示全求解域内待求的未知场变量。每个单元内的近似函数用未知场变量函数在单元各个节点上的数值和与其对应的插值函数表示。由于在连接相邻单元的节点上,场变量函数应具有相同的数值,因而将它们用作数值求解的基本未知量,将求解原函数的无穷自由度问题转换为求解场变量函数节点值的有限自由度问题。通过和原问题数学模型(基本方程、边界条件)等效的变分原理或加权余量法,建立求解基本未知量的代数方程组或常微分方程组,应用数值方法求解,从而得到问题的解答。

随着计算机技术的发展,数值方法逐渐在结构分析中扮演着重要角色,有限元法纷纷被引入求解工程结构问题。有限单元法按照所求解的未知量不同分为位移法、力法和混合法。以节点位移为未知量的有限元法即为位移有限元法,它是工程结构中应用最广泛的方法。位移有限元法的求解过程有以下 5 个步骤。

5.1.1　结构离散化

将结构划分为有限个单元,让全部单元的集合与原结构近似等价。有限元离散化过程实际上是将具有无限个自由度的弹性体转化为有限个自由度的单元集合体。当单元划分得足够多、单元位移函数选择合理时,其有限元分析得到的结果就越接近精确解,能够完全满足于实际工程问题的需要。

5.1.2　选择单元位移函数

用单元节点位移通过插值的方法建立单元位移函数,也就是说用单元节点位移来描述单元位移。单元位移函数应满足一定的要求,其合理与否直接关系到计算结果的精度、效率和收敛性。根据选定的单元位移函数,就可求出用节点位移表示的单元内任意一点的位移,表达式为

$$f = N\delta^e \tag{5-1}$$

式中:f 为单元内任意点的位移分量列阵;δ^e 为单元的节点位移分量列阵;N 为形状函数矩阵,它是以 δ^e 表示 f 的转换矩阵。

5.1.3　单元特性分析

在单元位移函数确定以后,利用弹性力学中的基本方程就可以进行单元特性分析。由单元节点位移表达出单元的应变和应力,从而建立单元的平衡方程,求出单元的刚度矩阵。

将单元位移函数式(5-1)代入弹性力学的几何方程,可以推出单元内任意点的应变关系式为

$$\varepsilon = B\delta^e \tag{5-2}$$

式中:ε 为应变分量列阵;B 为单元应变矩阵。

借助式(5-2),用弹性力学物理方程可以得出单元内任意点的应力分量,即单元应力关系式为

$$\sigma = DB\delta^e \tag{5-3}$$

式中:σ 为应力分量列阵;D 为弹性矩阵。

根据虚位移原理或最小势能原理,建立单元刚度方程,即建立单元节点力与单元节点位移之间的关系式来计算单元刚度矩阵,表达式为

$$K^e = \iiint_V B^T DB \mathrm{d}V \tag{5-4}$$

式中:K^e 为单元刚度矩阵。

把结构离散为有限个单元,并经过单元特性分析以后,将各个单元联系在一起的是节点,然后将外载荷(体力、面力等)等效移到节点上,其表达式为

$$F^e = K^e \delta^e \tag{5-5}$$

式中:F^e 为等效节点力列阵。

5.1.4 建立节点上的力平衡方程

按照有限元的统一格式,形成如下形式的以节点位移为未知量的代数方程组:

$$[K]\{\delta\} = \{F\} \tag{5-6}$$

式中:$[K]$ 为由各个单元的刚度矩阵组装成的总体刚度矩阵;$\{\delta\}$ 为待求的节点位移列阵;$\{F\}$ 为按节点编号顺序形成的节点载荷列阵。

5.1.5 处理边界条件、进行求解

式(5-6)表示的是在节点上的力的平衡方程,但是它还未满足位移边界条件,按照实际位移边界条件,对式(5-6)进行整理以后,可解出单元节点位移。再通过节点位移,就可根据单元特性分析中建立的关系式,求解应力、应变、内力值,还可借用后处理功能,从计算结果中选出所需的应力、应变等。

5.2 板壳单元分析

按照线弹性理论,平面壳单元的应力状态主要由平面应力单元的薄膜应力与平板单元的弯曲应力组合而成。应用小挠度理论,板的薄膜作用和弯曲作用是互相独立的,总应力是面内薄膜应力及面外弯曲应力的叠加。

5.2.1　薄膜应力

板壳在平面内的薄膜应力是一个平面问题。如图 5-1 所示的四边形单元,在平面力的作用下,单元的各节点都有两个平面运动的自由度,即沿 x 和 y 方向的位移 u、v。单元中 4 个节点的编号为 i、j、l、m,则单元的节点位移向量为

$$\{\overline{\boldsymbol{\delta}^p}\} = [\,\overline{u_i}, \overline{v_i}, \overline{u_j}, \overline{v_j}, \overline{u_l}, \overline{v_l}, \overline{u_m}, \overline{v_m}\,] \tag{5-7}$$

相应的单元节点力向量为

$$\{\overline{\boldsymbol{F}^p}\} = [\,\overline{U_i}, \overline{V_i}, \overline{U_j}, \overline{V_j}, \overline{U_l}, \overline{V_l}, \overline{U_m}, \overline{V_m}\,] \tag{5-8}$$

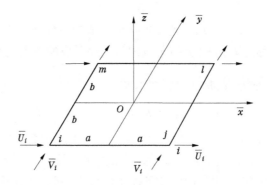

图 5-1　薄膜应力状态节点内力

根据节点变形协调条件,假定在单元内外连续的位移场函数为

$$\left\{ \begin{array}{c} \overline{u} \\ \overline{v} \end{array} \right\} = [\boldsymbol{N}]\{\boldsymbol{U}\} \tag{5-9}$$

式中:$\{\boldsymbol{U}\}$ 为各节点位移向量;$[\boldsymbol{N}]$ 为单元形函数矩阵。

平面问题的几何方程为

$$\left. \begin{array}{l} \bar{\varepsilon}_x = \dfrac{\partial \bar{v}}{\partial \bar{x}} \\[3mm] \bar{\varepsilon}_y = \dfrac{\partial \bar{u}}{\partial \bar{y}} \\[3mm] \bar{\gamma}_{xy} = \dfrac{\partial \bar{v}}{\partial \bar{x}} + \dfrac{\partial \bar{u}}{\partial \bar{y}} \end{array} \right\}$$

用矩阵表示为

$$\{\bar{\varepsilon}\} = \left[\bar{\varepsilon}_x, \bar{\varepsilon}_y, \bar{\gamma}_{xy}\right]^{\mathrm{T}} \tag{5-10}$$

平面问题的物理方程为

$$\left. \begin{array}{l} \bar{\varepsilon}_x = \dfrac{1}{E}(\bar{\sigma}_x - \mu\bar{\sigma}_y) \\[3mm] \bar{\varepsilon}_y = \dfrac{1}{E}(\bar{\sigma}_y - \mu\bar{\sigma}_x) \\[3mm] \bar{\gamma}_{xy} = \dfrac{2(1+\mu)}{E}\bar{\tau}_{xy} \end{array} \right\}$$

用矩阵表示为

$$\{\bar{\sigma}_x\} = \{\bar{\sigma}_x, \bar{\sigma}_y, \bar{\tau}_{xy}\} = [\boldsymbol{E}]\{\bar{\varepsilon}\} \tag{5-11}$$

其中:

$$[\boldsymbol{E}] = \frac{E}{1-\mu^2} \begin{bmatrix} 1 & \mu & 0 \\ \mu & 1 & 0 \\ 0 & 0 & \dfrac{1-\mu}{2} \end{bmatrix}$$

单元处于平衡状态,应用势能主值原理,得到单元节点力和节点位移的关系:

$$\{\bar{F}^p\} = [\bar{K}^p]\{\bar{\delta}^p\} \tag{5-12}$$

如图 5-2 所示的四边形薄板弯曲应力单元,每个节点具有 3 个自由度。

单元的 4 个节点编号为 i、j、l、m,薄板的弯曲位移函数为 $\bar{\omega} =$

$f(x,y)$，则 $\theta_x = \dfrac{\partial \overline{\omega}}{\partial y}, \theta_y = \dfrac{\partial \overline{\omega}}{\partial x}$。

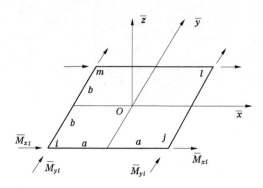

图 5-2　弯曲状态的节点内力

单元的节点位移向量为

$$\{\overline{\boldsymbol{\delta}}^b\} = [\,\overline{\omega}_i, \overline{\theta}_{xi}, \overline{\theta}_{yi}, \overline{\omega}_j, \overline{\theta}_{xj}, \overline{\theta}_{yj}, \overline{\omega}_l, \overline{\theta}_{xl}, \overline{\theta}_{yl}, \overline{\omega}_m, \overline{\theta}_{xm}, \overline{\theta}_{ym}\,]^{\mathrm{T}} \quad (5\text{-}13)$$

相应单元的节点力向量为

$$\{\overline{\boldsymbol{M}}^b\} = [\,\overline{W}_i, \overline{M}_{xi}, \overline{M}_{yi}, \overline{W}_j, \overline{M}_{xj}, \overline{M}_{yj}, \overline{W}_l, \overline{M}_{xl}, \overline{M}_{yl}, \overline{W}_m, \overline{M}_{xm}, \overline{M}_{ym}\,]^{\mathrm{T}}$$
$$(5\text{-}14)$$

薄板弯曲问题的几何方程为

$$\left.\begin{aligned}
\overline{\varepsilon}_x &= \frac{\partial \overline{u}}{\partial \overline{x}} = -z\frac{\partial^2 \overline{\omega}}{\partial x^2} \\[2mm]
\overline{\varepsilon}_y &= \frac{\partial \overline{v}}{\partial \overline{y}} = -z\frac{\partial^2 \overline{\omega}}{\partial y^2} \\[2mm]
\overline{\gamma}_{xy} &= \frac{\partial \overline{v}}{\partial \overline{x}} + \frac{\partial \overline{u}}{\partial \overline{y}} = -2z\frac{\partial^2 \overline{\omega}}{\partial x \partial y}
\end{aligned}\right\} \quad (5\text{-}15)$$

物理方程为

$$\left.\begin{array}{l} \overline{\varepsilon}_x = \dfrac{1}{E}(\overline{\sigma}_x - \mu\overline{\sigma}_y) \\[3mm] \overline{\varepsilon}_y = \dfrac{1}{E}(\overline{\sigma}_y - \mu\overline{\sigma}_x) \\[3mm] \overline{\gamma}_{xy} = \dfrac{2(1+\mu)}{E}\overline{\tau}_{xy} \end{array}\right\} \tag{5-16}$$

使用势能驻值原理,得出节点力和节点位移之间的关系:

$$\{\overline{\boldsymbol{M}}^b\} = [\overline{\boldsymbol{K}}^b]\{\overline{\boldsymbol{\delta}}^b\} \tag{5-17}$$

5.2.2　总应力

壳应力状态是将平面应力状态与薄板弯矩应力状态进行叠加。因此,将上述两种受力状态综合考虑,则四边形单元的 i 、j 、l 、m 节点位移向量分别是:

$$\{\overline{\boldsymbol{\delta}}_i\} = [\overline{u}_i, \overline{v}_i, \overline{w}_i, \overline{\theta}_{xi}, \overline{\theta}_{yi}, \overline{\theta}_{zi}]^{\mathrm{T}}$$

$$\{\overline{\boldsymbol{\delta}}_j\} = [\overline{u}_j, \overline{v}_j, \overline{w}_j, \overline{\theta}_{xj}, \overline{\theta}_{yj}, \overline{\theta}_{zj}]^{\mathrm{T}}$$

$$\{\overline{\boldsymbol{\delta}}_l\} = [\overline{u}_l, \overline{v}_l, \overline{w}_l, \overline{\theta}_{xl}, \overline{\theta}_{yl}, \overline{\theta}_{zl}]^{\mathrm{T}}$$

$$\{\overline{\boldsymbol{\delta}}_m\} = [\overline{u}_m, \overline{v}_m, \overline{w}_m, \overline{\theta}_{xm}, \overline{\theta}_{ym}, \overline{\theta}_{zm}]^{\mathrm{T}}$$

对应的节点力为

$$\{\overline{\boldsymbol{F}}_i\} = [\overline{U}_i, \overline{V}_i, \overline{W}_i, \overline{M}_{\theta xi}, \overline{M}_{\theta yi}, \overline{M}_{\theta zi}]$$

$$\{\overline{\boldsymbol{F}}_j\} = [\overline{U}_j, \overline{V}_j, \overline{W}_j, \overline{M}_{\theta xj}, \overline{M}_{\theta yj}, \overline{M}_{\theta zj}]$$

$$\{\overline{\boldsymbol{F}}_l\} = [\overline{U}_l, \overline{V}_l, \overline{W}_l, \overline{M}_{\theta xl}, \overline{M}_{\theta yl}, \overline{M}_{\theta zl}]$$

$$\{\overline{\boldsymbol{F}}_m\} = [\overline{U}_m, \overline{V}_m, \overline{W}_m, \overline{M}_{\theta xm}, \overline{M}_{\theta ym}, \overline{M}_{\theta zm}]$$

节点力与节点位移之间的关系表达式如下:

$$\{\overline{\boldsymbol{F}}\} = [\overline{\boldsymbol{K}}]\{\overline{\boldsymbol{\delta}}\} \tag{5-18}$$

其中:

$$\{\overline{\boldsymbol{F}}\} = [\{\overline{\boldsymbol{F}}_i\}, \{\overline{\boldsymbol{F}}_j\}, \{\overline{\boldsymbol{F}}_l\}, \{\overline{\boldsymbol{F}}_m\}]$$

$$\{\overline{\boldsymbol{\delta}}\} = [\{\overline{\boldsymbol{\delta}}_i\}, \{\overline{\boldsymbol{\delta}}_j\}, \{\overline{\boldsymbol{\delta}}_l\}, \{\overline{\boldsymbol{\delta}}_m\}]$$

单元刚度矩阵为

$$
\left[\, \overline{\boldsymbol{K}}\, \right] = \begin{bmatrix} \left[\, \overline{\boldsymbol{k}}_{ii}\, \right] & \left[\, \overline{\boldsymbol{k}}_{ij}\, \right] & \left[\, \overline{\boldsymbol{k}}_{il}\, \right] & \left[\, \overline{\boldsymbol{k}}_{im}\, \right] \\ \left[\, \overline{\boldsymbol{k}}_{ji}\, \right] & \left[\, \overline{\boldsymbol{k}}_{jj}\, \right] & \left[\, \overline{\boldsymbol{k}}_{jl}\, \right] & \left[\, \overline{\boldsymbol{k}}_{jm}\, \right] \\ \left[\, \overline{\boldsymbol{k}}_{li}\, \right] & \left[\, \overline{\boldsymbol{k}}_{lj}\, \right] & \left[\, \overline{\boldsymbol{k}}_{ll}\, \right] & \left[\, \overline{\boldsymbol{k}}_{lm}\, \right] \\ \left[\, \overline{\boldsymbol{k}}_{mi}\, \right] & \left[\, \overline{\boldsymbol{k}}_{mj}\, \right] & \left[\, \overline{\boldsymbol{k}}_{ml}\, \right] & \left[\, \overline{\boldsymbol{k}}_{mm}\, \right] \end{bmatrix} \tag{5-19}
$$

式中每个子块为6×6矩阵,均由平面应力状态和薄板弯曲应力状态中矩形单元的各个节点相应子矩阵组合而成。

5.2.3　位移模式

为了精确地模拟折板结构,四边形单元节点 3 个方向的位移选取具有长应变的二次幂函数作为位移模式,则

$$
\left.\begin{aligned} \overline{u} &= c_1 + c_2 x + c_3 y + c_4 x^2 + c_5 xy + c_6 y^2 + c_7 x^2 y + c_8 xy^2 + c_9 x^2 y^2 \\ \overline{v} &= d_1 + d_2 x + d_3 y + d_4 x^2 + d_5 xy + d_6 y^2 + d_7 x^2 y + d_8 xy^2 + d_9 x^2 y^2 \\ \overline{w} &= a_1 + a_2 x + a_3 y + a_4 x^2 + a_5 xy + a_6 y^2 + a_7 x^2 y + a_8 xy^2 + a_9 x^2 y^2 \end{aligned}\right\}
$$

$$\tag{5-20}$$

在上述 3 个位移模式中都含有 9 个待定常数,而矩形板单元节点为 4 个,所以需要设置 5 个内部节点,在单元刚度矩阵分析中,通过对内部节点的聚缩,形成 4 个节点联系的刚度矩阵。

5.2.4　应力方向

采用板壳单元来计算折板结构的正应力,确定单元的应力方向是很重要的。有限元分析方法就是通过单元和节点的编号将结构进行离散和组合,S_1 为 x 方向的正应力,S_2 为 y 方向的正应力,如图 5-3 所示。

在壳有限元数据文件中,壳单元是由 4 个节点确定的。4 个节点的排列顺序是 i、j、l、m 逆时针,则单元的 x 方向与 i 和 j 两节点或 l 和 m 两节点平行。壳单元节点编号的排列决定了该板的应力方向。

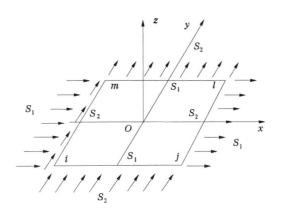

图 5-3　壳单元应力方向

5.2.5　节点应力的平滑处理

弹性体力学问题的精确解要同时满足平衡方程、变形协调方程、物理方程及边界条件几个方面。在板壳有限元分析中,由于平衡微分方程和边界上的静力平衡条件被总位能极值条件所代替,因此在相邻单元的公共边界上的应力不平衡,呈现应力阶跃式变化,应力需进行平滑处理。

如图 5-4 所示,某节点 i 是 4 个单元的公共节点,而按壳有限元计算获得的这些单元在节点 i 的应力是不相等的,呈现应力的阶跃式变化。因此,应采用通用平均应力进行平滑处理,即

$$\sigma_k = \frac{\displaystyle\sum_{k=1}^{n} \sigma_i^k}{n}$$

式中: k 为与节点 i 联系的壳单元; n 为与节点 i 联系的单元总个数。

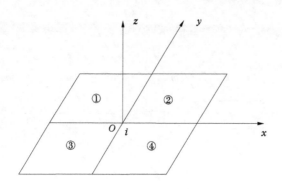

图 5-4　壳单元的公共节点示意图

5.3　ANSYS 及其在对边简支对边固支平顶四坡折板结构受力分析的应用

自 20 世纪 60 年代以来,随着计算机的飞速发展和广泛应用以及有限元理论的日益完善,出现了许多通用和专业的有限元计算软件,ANSYS 就是大型通用有限元分析软件之一,它广泛地应用于土木工程、水利、铁道、交通、航天航空等工业及科学研究之中。ANSYS 具有强大而广泛的分析功能,能与多数 CAD 软件接口,实现数据的共享和交换。采用 ANSYS 软件进行结构分析时,主要包括 3 个步骤:前处理、加载与求解、后处理。

在 ANSYS 模拟分析中,有限元单元的选取直接关系到数值模拟结果的正确性。本书主要选用 ANSYS 的 SHELL63 单元来模拟有机玻璃板,SHELL63 具有弯曲能力和膜力,可以承受平面内荷载和法向荷载。在单元划分时,SHELL63 单元划分为六面体单元,每个节点具有 6 个自由度:沿节点坐标系 X、Y、Z 方向的平动和沿节点坐标系 X、Y、Z 轴的转动,在计算时能够更加稳定,更容易收敛。

SHELL63 单元示意图如图 5-5 所示。

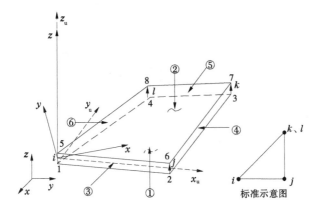

图 5-5　SHELL63 单元示意图

在建模时,ANSYS 中输入的有关有机玻璃材料参数如下:

(1)3 mm 厚度有机玻璃板: $E = 3.249$ GPa, $\mu = 0.331$。

(2)4 mm 厚度有机玻璃板: $E = 3.649$ GPa, $\mu = 0.333$。

(3)有机玻璃材料的密度: $\rho = 1.18$ g/cm^3。

通过加载来研究对边简支对边固支平顶四坡折板结构在荷载作用下的位移、应力和应变的变化分布情况,得到了较好的效果,提高了效率,这也说明 ANSYS 提供的参数对折板结构的有限元分析具有较好的应用前景。

5.4　对边简支对边固支平顶四坡折板结构有限元模型的建立

本书模型为对边简支对边固支平顶四坡折板结构,平顶四坡折板结构模型尺寸为:底面边长 $2a = 300$ mm, $2b = 240$ mm;顶板边长 $2a_0 = 140$ mm, $2b_0 = 80$ mm;矢高 $f = 32$ mm,顶板、坡面板厚度均为 $h = 3$ mm 和 $h = 4$ mm 两种。平顶四坡折板结构在 ANSYS 有限元软件中建立的模型如图 5-6 所示。

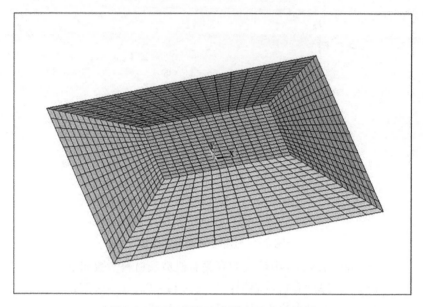

图 5-6　平顶四坡折板结构的有限元模型

5.5　有限元模型计算结果分析

本次有限元建模,为了防止应力集中,在支座和加载点处均设立刚性垫板。通过 ANSYS 软件建模分析,计算不同厚度的平顶四坡折板结构在 50~300 N 逐级加载作用下 1—1、2—2、3—3 截面的位移、应力、应变。以下是 3 mm 和 4 mm 厚的平顶四坡折板结构在 300 N 荷载作用下的计算结果。

5.5.1　3 mm 平顶四坡折板结构顶板位移、应力和应变

3 mm 平顶四坡折板结构在 300 N 荷载作用下的计算值(1—1 截面)见表 5-1。

表 5-1　3 mm 平顶四坡折板结构在 300 N 荷载作用下的计算值(1—1 截面)

位置/mm	位移/mm	σ_x /MPa	σ_y /MPa	应变 ε_x	应变 ε_y
0	−0.031 254 0	−0.717 76	0.174 10	−0.000 182 49	0.000 096 889
5	−0.032 327 0	−0.681 64	0.150 70	−0.000 172 16	0.000 088 567
10	−0.035 369 0	−0.586 14	0.089 48	−0.000 144 92	0.000 066 720
15	−0.040 085 0	−0.453 87	−0.023 65	−0.000 108 66	0.000 040 922
20	−0.046 495 0	−0.251 97	−0.123 02	−0.000 061 81	0.000 027 216
25	−0.054 549 0	0.509 97	0.340 72	0.000 041 70	0.000 057 599
30	−0.059 682 0	2.516 90	2.309 20	0.000 412 45	0.000 347 400
35	−0.046 975 0	0.717 58	0.406 06	−0.000 137 25	−0.000 039 666
40	−0.034 307 0	−0.280 80	−0.531 14	0.000 013 73	−0.000 043 617
45	−0.024 290 0	−0.644 49	−0.845 93	−0.000 075 42	−0.000 138 520
50	−0.016 560 0	−0.339 29	−0.419 35	−0.000 042 65	−0.000 067 727
55	−0.011 070 0	−0.185 67	−0.233 90	−0.000 022 85	−0.000 037 962
60	−0.007 102 4	−0.111 49	−0.153 66	−0.000 012 51	−0.000 025 722
65	−0.004 189 9	−0.078 83	−0.115 51	−0.000 008 23	−0.000 019 728
70	−0.002 061 2	−0.065 72	−0.097 56	−0.000 006 77	−0.000 016 747
75	−0.000 553 3	−0.061 93	−0.089 61	−0.000 006 61	−0.000 015 281
80	0.000 442 2	−0.062 31	−0.086 33	−0.000 007 02	−0.000 014 542
85	0.001 010 4	−0.064 49	−0.084 92	−0.000 007 68	−0.000 014 077
90	0.001 230 3	−0.067 02	−0.083 50	−0.000 008 42	−0.000 013 580
95	0.001 184 3	−0.068 99	−0.080 82	−0.000 009 13	−0.000 012 832
100	0.000 961 2	−0.069 64	−0.075 86	−0.000 009 71	−0.000 011 657
105	0.000 653 6	−0.068 60	−0.068 24	−0.000 001 01	−0.000 009 994
110	0.000 346 9	−0.065 65	−0.058 06	−0.000 010 26	−0.000 007 879
115	0.000 105 6	−0.054 13	−0.040 39	−0.000 009 06	−0.000 004 756
120	0	−0.005 97	−0.032 39	−0.000 001 04	−0.000 000 188

通过计算,可以观察到当荷载为 300 N 时,1—1 截面上最大位移绝对值发生在 $x=52.5$ mm、$y=30$ mm 处,$w=-0.0596820$ mm。x 方向最大应力在 $x=52.5$ mm、$y=30$ mm 处,$\sigma_x=2.51690$ MPa,y 方向最大应力在 $x=52.5$ mm、$y=30$ mm 处,$\sigma_y=2.30920$ MPa。

3 mm 平顶四坡折板结构在 300 N 荷载作用下的计算值(2—2 截面)见表 5-2。

表 5-2　3 mm 平顶四坡折板结构在 300 N 荷载作用下的计算值(2—2 截面)

位置/ mm	位移/mm	σ_x/MPa	σ_y/MPa	应变 ε_x	应变 ε_y
0	−0.031 254 0	−0.717 76	0.174 10	−0.000 182 490	0.000 096 889
5	−0.030 731 0	−0.717 64	0.168 56	−0.000 182 030	0.000 095 575
10	−0.029 189 0	−0.715 46	0.151 04	−0.000 180 150	0.000 091 282
15	−0.026 705 0	−0.706 48	0.118 81	−0.000 175 520	0.000 082 997
20	−0.023 423 0	−0.682 80	0.069 12	−0.000 166 080	0.000 069 459
25	−0.019 550 0	−0.637 06	0.009 68	−0.000 150 010	0.000 049 855
30	−0.015 365 0	−0.562 91	−0.082 54	−0.000 126 050	0.000 024 425
35	−0.011 195 0	−0.458 79	−0.172 15	−0.000 094 567	−0.000 004 774
40	−0.007 380 0	−0.332 14	−0.238 28	−0.000 058 589	−0.000 027 307
45	−0.004 219 0	−0.408 84	−0.242 40	−0.000 074 315	−0.000 022 179
50	−0.001 789 0	−0.459 01	−0.253 44	−0.000 085 126	−0.000 020 732
55	−0.000 020 0	−0.485 66	−0.257 73	−0.000 091 011	−0.000 019 611
60	0.001 185 2	−0.476 80	−0.265 45	−0.000 088 227	−0.000 022 021
65	0.001 945 0	−0.456 72	−0.277 41	−0.000 082 420	−0.000 026 253
70	0.002 351 0	−0.418 91	−0.289 24	−0.000 072 453	−0.000 031 834
75	0.002 484 5	−0.374 02	−0.303 55	−0.000 060 596	−0.000 038 519
80	0.002 409 4	−0.327 69	−0.316 89	−0.000 048 486	−0.000 045 102
85	0.002 177 2	−0.283 80	−0.327 49	−0.000 037 199	−0.000 050 885
90	0.001 832 0	−0.244 36	−0.334 20	−0.000 027 310	−0.000 055 452

续表5-2

位置/ mm	位移/mm	σ_x/MPa	σ_y/MPa	应变 ε_x	应变 ε_y
95	0.001 415 3	−0.210 13	−0.336 41	−0.000 019 055	−0.000 058 610
100	0.000 969 8	−0.181 07	−0.333 82	−0.000 012 450	−0.000 060 298
105	0.000 542 6	−0.156 60	−0.326 30	−0.000 007 370	−0.000 060 528
110	0.000 189 9	−0.135 78	−0.313 79	−0.000 003 599	−0.000 059 362
115	−0.000 020 0	−0.117 71	−0.297 54	−0.000 000 816	−0.000 057 146
120	0	−0.105 63	−0.272 51	−0.000 000 234	−0.000 052 511

　　通过计算,可以观察到当荷载为 300 N 时,2—2 截面上最大位移绝对值发生在 $x=0$ mm、$y=0$ mm 处,$w=-0.031\ 254\ 0$ mm。x 方向最大应力绝对值在 $x=0$ mm、$y=0$ mm 处,$\sigma_x=-0.717\ 76$ MPa,y 方向最大应力在 $x=0$ mm、$y=0$ mm 处,$\sigma_y=0.174\ 10$ MPa。

　　3 mm 平顶四坡折板结构在 300 N 荷载作用下的计算值(3—3 截面)见表5-3。

表5-3　3 mm 平顶四坡折板结构在 300 N 荷载作用下的计算值(3—3 截面)

位置/ mm	位移/mm	σ_x/MPa	σ_y/MPa	应变 ε_x	应变 ε_y
0	−0.031 254	−0.717 76	0.174 10	−0.000 182 49	0.000 096 889
8.75	−0.032 845	−0.669 52	0.134 79	−0.000 171 98	0.000 089 365
17.5	−0.037 305	−0.585 73	0.012 31	−0.000 137 74	0.000 064 292
26.25	−0.043 570	−0.492 09	−0.114 67	−0.000 074 68	0.000 015 356
35	−0.049 591	−0.458 69	−0.274 08	0.000 012 91	−0.000 061 709
44.75	−0.052 475	−0.503 20	−0.581 12	0.000 095 45	−0.000 153 370
52.5	−0.049 683	−0.629 70	−0.879 22	0.000 127 26	−0.000 226 380
61.25	−0.041 045	−0.820 15	−1.036 90	0.000 061 47	−0.000 237 650

续表 5-3

位置/mm	位移/mm	σ_x/MPa	σ_y/MPa	应变 ε_x	应变 ε_y
70	-0.030 355	-0.593 52	-0.969 98	-0.000 066 45	-0.000 159 320
75	-0.025 559	-0.524 13	-0.915 52	-0.000 045 50	-0.000 168 100
80	-0.021 875	-0.474 27	-0.828 92	-0.000 041 13	-0.000 152 230
85	-0.018 824	-0.462 37	-0.684 29	-0.000 049 75	-0.000 119 270
90	-0.016 130	-0.478 21	-0.527 26	-0.000 065 51	-0.000 080 878
95	-0.013 675	-0.502 58	-0.390 28	-0.000 081 61	-0.000 046 435
100	-0.011 435	-0.523 23	-0.278 69	-0.000 094 91	-0.000 018 307
105	-0.009 413	-0.535 96	-0.198 30	-0.000 104 01	0.000 001 762
110	-0.007 621	-0.538 63	-0.142 43	-0.000 108 96	0.000 015 152
115	-0.006 060	-0.533 68	-0.106 07	-0.000 110 69	0.000 023 263
120	-0.004 722	-0.523 19	-0.084 69	-0.000 110 01	0.000 027 346
125	-0.003 589	-0.508 99	-0.075 07	-0.000 107 60	0.000 028 329
130	-0.002 637	-0.492 40	-0.075 03	-0.000 103 90	0.000 026 836
135	-0.001 836	-0.474 18	-0.083 33	-0.000 099 20	0.000 023 237
140	-0.001 152	-0.454 70	-0.099 44	-0.000 093 60	0.000 017 685
145	-0.000 553	-0.433 93	-0.123 40	-0.000 087 10	0.000 010 169
150	0	-0.420 27	-0.158 79	-0.000 081 30	0.000 000 606

　　通过计算,可以观察到当荷载为 300 N 时,3—3 截面上最大位移绝对值发生在 $x=44.75$ mm、$y=0$ mm 处,$w=-0.052\ 475$ mm。x 方向最大应力绝对值在 $x=61.25$ mm、$y=0$ mm 处,$\sigma_x=-0.820\ 15$ MPa,y 方向最大应力绝对值在 $x=61.25$ mm、$y=0$ mm 处,$\sigma_y=-1.036\ 90$ MPa。

　　3 mm 厚的平顶四坡折板结构在 300 N 荷载作用下，1—1、2—2、3—3 截面位移如图 5-7~图 5-9 所示；x、y、z 方向的应力、位移计算结果云图如图 5-10~图 5-18 所示。

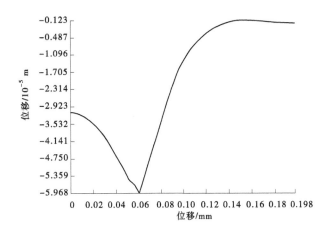

图 5-7　1—1 截面位移

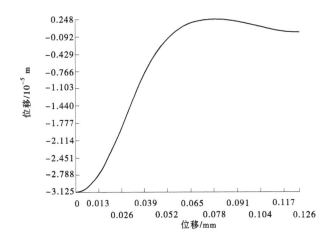

图 5-8　2—2 截面位移

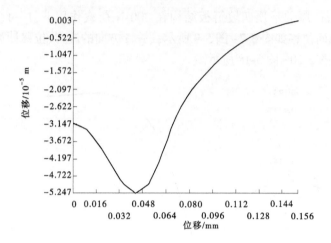

图 5-9　3—3 截面位移

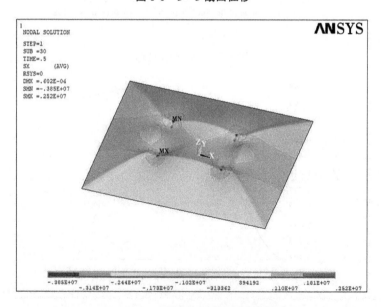

图 5-10　x 方向的应力计算结果云图

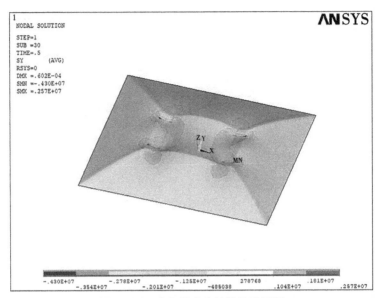

图 5-11　y 方向的应力计算结果云图

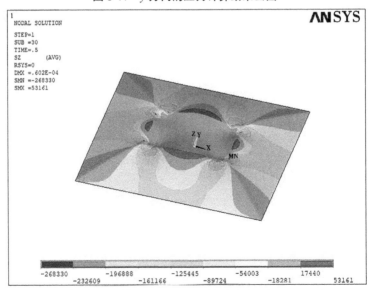

图 5-12　z 方向的应力计算结果云图

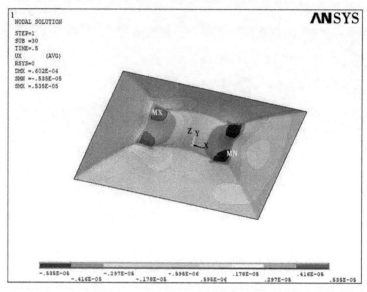

图 5-13　x 方向的位移计算结果云图

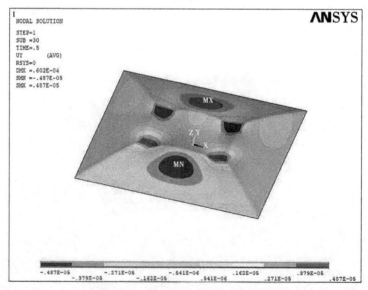

图 5-14　y 方向的位移计算结果云图

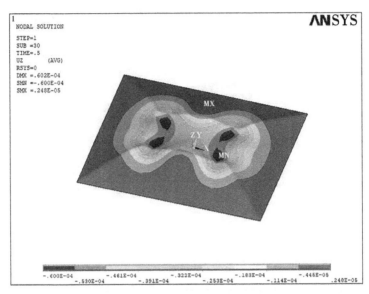

图 5-15　z 方向的位移计算结果云图

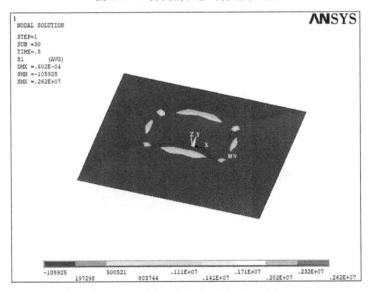

图 5-16　第一主应力计算结果云图

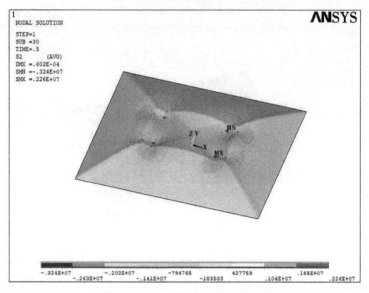

图 5-17　第二主应力计算结果云图

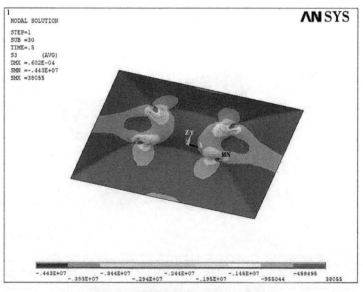

图 5-18　第三主应力计算结果云图

5.5.2　4 mm 平顶四坡折板结构顶板位移、应力和应变

4 mm 平顶四坡折板结构在 300 N 荷载作用下的计算值(1—1 截面)见表5-4。

表5-4　4 mm 平顶四坡折板结构在 300 N 荷载作用下的计算值(1—1 截面)

位置/mm	位移/mm	σ_x/MPa	σ_y/MPa	应变 ε_x	应变 ε_y
0	−0.019 251 0	−0.559 13	0.109 22	−0.000 128 090	0.000 063 542
5	−0.019 903 0	−0.530 23	0.091 98	−0.000 120 640	0.000 057 764
10	−0.021 764 0	−0.472 12	0.047 12	−0.000 100 630	0.000 042 520
15	−0.024 655 0	−0.389 33	−0.004 91	−0.000 072 954	0.000 024 200
20	−0.028 481 0	−0.289 33	−0.082 61	−0.000 037 015	0.000 013 906
25	−0.029 037 0	0.204 38	0.238 35	0.000 033 343	0.000 034 481
30	−0.035 714 0	1.768 60	1.611 80	0.000 264 980	0.000 220 000
35	−0.029 555 0	0.560 87	0.384 68	−0.000 093 090	−0.000 042 570
40	−0.023 299 0	−0.181 10	−0.400 86	0.000 035 718	0.000 002 740 3
45	−0.017 265 0	−0.496 76	−0.643 76	−0.000 053 057	−0.000 095 207
50	−0.012 136 0	−0.328 39	−0.387 46	−0.000 038 888	−0.000 055 826
55	−0.008 252 9	−0.214 26	−0.251 37	−0.000 025 444	−0.000 036 084
60	−0.005 363 9	−0.142 75	−0.176 09	−0.000 016 239	−0.000 025 800
65	−0.003 227 0	−0.101 56	−0.132 05	−0.000 011 019	−0.000 019 760
70	−0.001 668 6	−0.079 34	−0.106 78	−0.000 008 335	−0.000 016 202
75	−0.000 569 6	−0.068 12	−0.092 69	−0.000 007 098	−0.000 014 140
80	0.000 155 3	−0.062 95	−0.084 74	−0.000 006 653	−0.000 012 903
85	0.000 573 3	−0.060 90	−0.079 73	−0.000 006 640	−0.000 012 039
90	0.000 745 0	−0.060 12	−0.075 47	−0.000 006 831	−0.000 011 234
95	0.000 730 9	−0.059 40	−0.070 49	−0.000 007 087	−0.000 010 266

续表 5-4

位置/ mm	位移/ mm	σ_x /MPa	σ_y /MPa	应变 ε_x	应变 ε_y
100	0.000 594 4	-0.057 95	-0.063 80	-0.000 007 310	-0.000 008 989 2
105	0.000 399 7	-0.055 36	-0.055 11	-0.000 007 436	-0.000 007 363 6
110	0.000 205 9	-0.051 40	-0.044 52	-0.000 007 404	-0.000 005 429 1
115	0.000 058 7	-0.041 14	-0.028 46	-0.000 006 462	-0.000 002 828 4
120	-0.000 000 4	-0.044 02	-0.019 31	-0.000 006 462	-0.000 002 828 4

通过计算,可以观察到当荷载为 300 N 时,1—1 截面上最大位移绝对值发生在 $x=52.5$ mm、$y=30$ mm 处,$w=-0.035\ 714\ 0$ mm。x 方向最大应力在 $x=52.5$ mm、$y=30$ mm 处, $\sigma_x=1.768\ 60$ MPa,y 方向最大应力在 $x=52.5$ mm、$y=30$ mm 处, $\sigma_y=1.611\ 80$ MPa。

4 mm 平顶四坡折板结构在 300 N 荷载作用下的计算值(2—2 截面)表 5-5。

表 5-5　4 mm 平顶四坡折板结构在 300 N 荷载作用下的计算值(2—2 截面)

位置/ mm	位移/ mm	σ_x /MPa	σ_y /MPa	应变 ε_x	应变 ε_y
0	-0.019 251	-0.559 13	0.109 22	-0.000 128 090	0.000 063 542
5	-0.018 965	-0.559 97	0.104 73	-0.000 127 950	0.000 062 637
10	-0.018 121	-0.561 23	0.090 58	-0.000 127 210	0.000 059 683
15	-0.016 761	-0.559 67	0.064 61	-0.000 125 010	0.000 053 986
20	-0.014 958	-0.549 68	0.024 42	-0.000 119 980	0.000 044 625
25	-0.012 826	-0.525 55	-0.031 54	-0.000 110 790	0.000 030 860
30	-0.010 516	-0.481 61	-0.102 23	-0.000 096 270	0.000 012 508
35	-0.008 218	-0.414 58	-0.182 39	-0.000 076 110	-0.000 009 537
40	-0.006 135	-0.326 14	-0.240 05	-0.000 051 588	-0.000 026 905

续表 5-5

位置/ mm	位移/mm	σ_x/MPa	σ_y/MPa	应变 ε_x	应变 ε_y
45	−0.004 452	−0.375 38	−0.223 86	−0.000 062 144	−0.000 018 699
50	−0.003 172	−0.401 01	−0.217 96	−0.000 068 147	−0.000 015 661
55	−0.002 219	−0.407 16	−0.212 70	−0.000 069 908	−0.000 014 149
60	−0.001 521	−0.389 78	−0.213 35	−0.000 066 114	−0.000 015 527
65	−0.001 009	−0.364 76	−0.219 35	−0.000 060 234	−0.000 018 542
70	−0.000 638	−0.329 78	−0.227 22	−0.000 052 056	−0.000 022 649
75	−0.000 373	−0.291 84	−0.237 59	−0.000 043 034	−0.000 027 479
80	−0.000 189	−0.254 56	−0.247 83	−0.000 034 165	−0.000 032 234
85	−0.000 072	−0.220 24	−0.256 50	−0.000 026 062	−0.000 036 458
90	−0.000 009	−0.189 96	−0.262 66	−0.000 019 037	−0.000 039 881
95	0.000 009	−0.164 02	−0.265 76	−0.000 013 200	−0.000 042 370
100	−0.000 006	−0.142 21	−0.265 46	−0.000 008 532	−0.000 043 873
105	−0.000 038	−0.123 97	−0.261 54	−0.000 004 935	−0.000 044 379
110	−0.000 068	−0.108 57	−0.253 80	−0.000 002 265	−0.000 043 908
115	−0.000 069	−0.095 43	−0.243 08	−0.000 000 330	−0.000 042 665
120	0	−0.087 47	−0.225 16	−0.000 000 106	−0.000 039 586

　　通过计算,可以观察到当荷载为 300 N 时,2—2 截面上最大位移绝对值发生在 $x=0$ mm、$y=0$ mm 处、$w=-0.019\,251$ mm。x 方向最大应力绝对值在 $x=10$ mm、$y=0$ mm 处,$\sigma_x=-0.561\,23$ MPa,y 方向最大应力在 $x=0$ mm、$y=0$ mm 处,$\sigma_y=0.109\,22$ MPa。

　　4 mm 平顶四坡折板结构在 300 N 荷载作用下的计算值(3—3 截面)见表 5-6。

表 5-6　4 mm 平顶四坡折板结构在 300 N 荷载作用下的计算值(3—3 截面)

位置/ mm	位移/ mm	σ_x/MPa	σ_y/MPa	应变 ε_x	应变 ε_y
0	−0.019 251 0	−0.559 13	0.109 22	−0.000 128 090	0.000 063 542
8.75	−0.020 184 0	−0.508 02	0.074 64	−0.000 120 420	0.000 058 356
17.5	−0.022 795 0	−0.430 21	0.026 81	−0.000 096 097	0.000 041 502
26.25	−0.026 469 0	−0.350 92	−0.092 52	−0.000 053 170	0.000 009 817
35	−0.030 088 0	−0.327 03	−0.193 49	0.000 004 158	−0.000 038 389
44.75	−0.032 132 0	−0.401 77	−0.395 47	0.000 056 671	−0.000 094 505
52.5	−0.031 281 0	−0.528 17	−0.597 49	0.000 076 820	−0.000 139 850
61.25	−0.027 365 0	−0.775 44	−0.732 47	0.000 035 786	−0.000 152 000
70	−0.022 162 0	−0.468 07	−0.692 25	−0.000 048 309	−0.000 112 590
75	−0.019 701 0	−0.388 70	−0.632 63	−0.000 030 974	−0.000 112 390
80	−0.017 668 0	−0.343 43	−0.555 17	−0.000 028 022	−0.000 097 335
85	−0.015 828 0	−0.333 77	−0.470 06	−0.000 034 299	−0.000 073 378
90	−0.014 071 0	−0.346 34	−0.355 07	−0.000 045 096	−0.000 047 599
95	−0.012 368 0	−0.365 77	−0.258 07	−0.000 056 000	−0.000 025 120
100	−0.010 733 0	−0.382 85	−0.181 01	−0.000 065 000	−0.000 007 122
105	−0.009 188 6	−0.394 19	−0.126 05	−0.000 071 245	0.000 005 641
110	−0.007 753 2	−0.398 28	−0.084 11	−0.000 074 773	0.000 014 076
115	−0.006 437 9	−0.396 56	−0.046 46	−0.000 076 128	0.000 019 053
120	−0.005 244 5	−0.390 39	−0.021 50	−0.000 075 810	0.000 021 359
125	−0.004 167 3	−0.381 06	−0.016 80	−0.000 074 242	0.000 021 582
130	−0.003 194 7	−0.369 54	−0.023 86	−0.000 071 729	0.000 020 125
135	−0.002 311 1	−0.356 47	−0.040 14	−0.000 068 464	0.000 017 226
140	−0.001 498 2	−0.342 19	−0.060 93	−0.000 064 542	0.000 012 990
145	−0.000 735 86	−0.326 83	−0.087 70	−0.000 059 982	0.000 007 416
150	0	−0.318 30	−0.121 05	−0.000 056 147	0.000 000 409

经过计算,可以看出当荷载为 300 N 时,3—3 截面上最大位移绝

对值发生在 $x = 44.75$ mm、$y = 0$ mm 处,$w = -0.032\,132\,0$ mm。x 方向最
大应力绝对值在 $x = 61.25$ mm、$y = 0$ mm 处,$\sigma_x = -0.775\,44$ MPa,y 方
向最大应力绝对值在 $x = 61.25$ mm、$y = 0$ mm 处,$\sigma_y = -0.732\,47$ MPa。

　　4 mm 厚的平顶四坡折板结构在 300 N 荷载作用下,1—1、2—2、
3—3 截面位移如图 5-19~图 5-21 所示;x、y、z 方向的应力、位移计算结
果云图如图 5-22~图 5-30 所示。

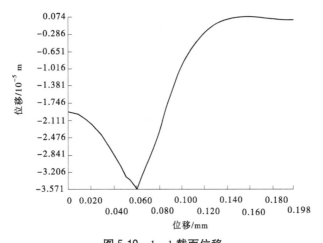

图 5-19　1—1 截面位移

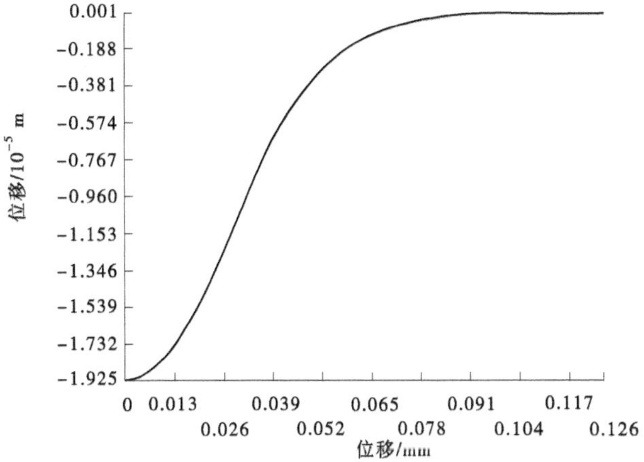

图 5-20　2—2 截面位移

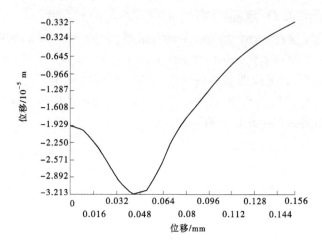

图 5-21　3—3 截面位移

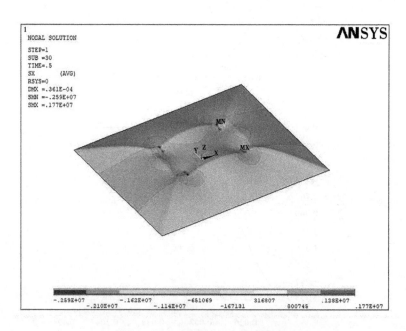

图 5-22　x 方向的应力计算结果云图

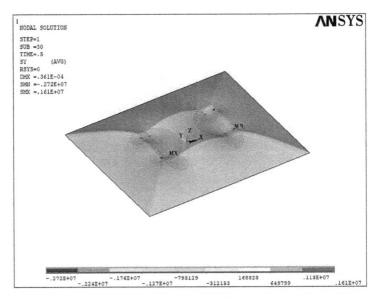

图 5-23　y 方向的应力计算结果云图

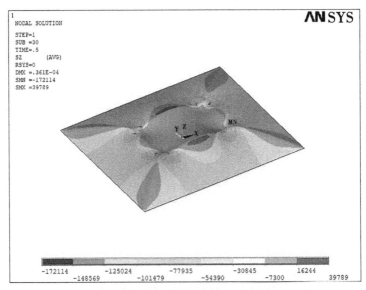

图 5-24　z 方向的应力计算结果云图

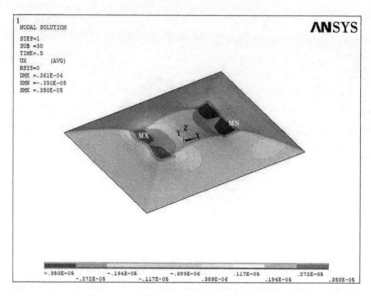

图 5-25　x 方向的位移计算结果云图

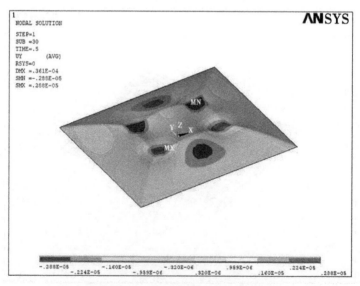

图 5-26　y 方向的位移计算结果云图

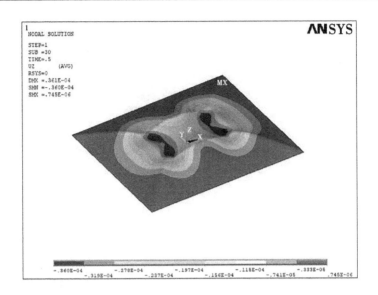

图 5-27　z 方向的位移计算结果云图

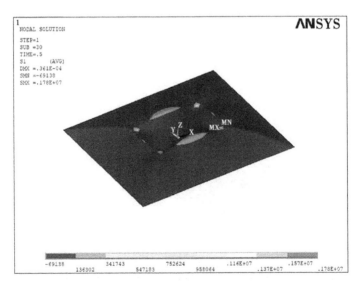

图 5-28　第一主应力计算结果云图

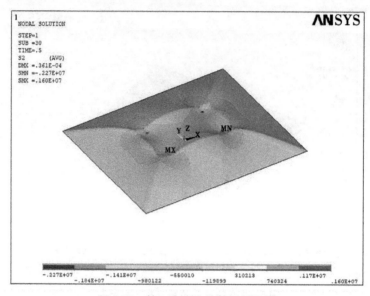

图 5-29 第二主应力计算结果云图

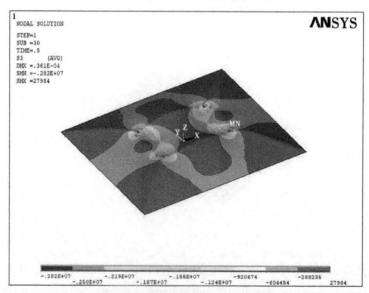

图 5-30 第三主应力计算结果云图

5.6 对边简支对边固支平顶四坡折板
结构的地震波响应分析

对于建筑物的结构而言,地震带来的破坏无论从数量上还是从程度上都大大超过其他自然灾害,严重时直接危害人的生命,影响人们的正常生活,给国家造成无法挽回的损失。为了减小地震所造成的损失,要求在设计时采取措施来满足结构的抗震要求,同时要做好加固工作。本书应用 ANSYS 有限元软件,对平顶四坡折板结构进行地震响应分析,初步研究其危险部位的力学性能变化。

地震波主要是由地震引起的振动以波的形式从震源向各个方向的传播。根据传播位置的不同,地震波有纵波、横波和面波之分。其传播速度以纵波最快、横波(也称剪切波)次之、面波最慢,然而由于面波所产生的能量最大,所以造成建筑物和地表的破坏主要以面波为主。大量震害调查表明,一般建筑物的震害主要是由水平振动引起的。因此,由体波和面波共同引起的水平地震作用通常是最主要的地震作用。

5.6.1 ANSYS 动力分析简介

ANSYS 动力分析包括振动模态分析、谐响应分析、瞬态动力学分析和谱分析等 4 种类型。

(1)模态分析结构的固有振动特性分析也称为振动模态分析。它主要用于确定结构的固有频率和振型,其分析结果可作为瞬态动力学分析、谐响应分析和谱分析等其他动力分析的基础。任何结构或部件都有固有频率和相应的模态振型,这些属于结构或部件自身的固有属性。模态分析的实质是计算结构振动特征方程的特征值和特征向量。

典型的无阻尼结构自由振动的运动方程如下:

$$[M]\{\ddot{x}\} + [K]\{x\} = \{0\} \tag{5-21}$$

式中:$[M]$ 为质量矩阵;$[K]$ 为刚度矩阵;$\{\ddot{x}\}$ 为加速度向量;$\{x\}$ 为位移向量。

如果令

$$\{x\} = \{\boldsymbol{\phi}\} \sin(\omega t + \varphi)$$

则有

$$\{\ddot{x}\} = -\omega^2 \{\boldsymbol{\phi}\} \sin(\omega t + \varphi)$$

代入运动方程,可得

$$([K] - \omega^2[M])\{\boldsymbol{\phi}\} = \{0\} \tag{5-22}$$

式(5-22)称为结构振动的特征方程,模态分析就是计算该特征方程的特征值 ω_1 及其对应的特征向量 $\{\boldsymbol{\phi}_i\}$。

(2)谐响应分析持续的周期载荷作用于结构或部件上产生的持续周期响应。谐响应分析用于确定线性结构在随时间以正弦规律变化的载荷作用下的稳态响应,从而得到结构部件的响应随频率变化的规律。

在周期变化载荷的作用下,结构将以载荷频率做周期振动。周期载荷作用下的运动方程如下:

$$[M]\{\ddot{x}\} + [C]\{\dot{x}\} + [K]\{x\} = \{F\} \sin \theta t \tag{5-23}$$

式中:$[C]$ 为阻尼矩阵;$\{F\}$ 为简谐载荷的幅值向量;θ 为激振力的频率;$\{\dot{x}\}$ 为速度向量。

位移响应为

$$\{x\} = \{A\} \sin(\theta t + \varphi)$$

式中:$\{A\}$ 为位移幅值向量,与结构固有频率 ω 和载荷频率 θ 以及阻尼有关;φ 为位移响应滞后激励载荷的相位角。

(3)瞬态动力学分析也称时间历程分析,用于计算结构在随时间任意变化的载荷作用下的动力学响应,目的是得到结构在稳态载荷、瞬态载荷和简谐载荷随意组合作用下随时间变化的位移、应力和应变。

瞬态动力学求解的运动方程如下:

$$[M]\{\ddot{x}\} + [C]\{\dot{x}\} + [K]\{x\} = \{F(t)\} \tag{5-24}$$

式中:$\{F(t)\}$ 为载荷向量,可以随时间任意变化。

瞬态动力学分析的求解方法主要有以下 3 种:

①Full 法。采用完整的系统矩阵计算瞬态响应,允许有结构非线性特性。

②Reduced 法。采用主自由度及缩减矩阵压缩问题规模,先计算主自由度位移,然后将其扩展到初始的完整自由度上。

③Mode Superposition 法。通过模态分析得到针型,再乘以参与因子并求和来计算结构的响应。

(4)谱分析是一种将模态分析的结果和已知谱联系起来计算结构响应的分析方法,主要用于确定结构对随机载荷或随时间变化载荷的动力响应。谱分析必须已知结构的振型和固有频率,因此需先进行模态分析。在扩展模态时,只需扩展到对最后进行谱分析有影响的模态即可。

5.6.2　ANSYS 在对边简支对边固支平顶四坡折板结构瞬态分析中的应用

本书主要采用 ANSYS 动力分析中的瞬态分析技术(完全法)来进行求解,使用 SHELL63 单元建模,仍然使用静力分析中的模型,直接将地震波的水平、竖向加速度输入折板结构的计算模型中,分析对边简支对边固支平顶四坡折板结构在地震载荷作用下的关键部位的力学性能变化。ANSYS 瞬态动力学分析技术主要包括以下几个步骤:建模、选择分析类型和选项、定义边界条件和初始条件、施加时间历程载荷并求解,最后查看结果。

在进行地震响应分析时,地震波的选择是很关键的,应该综合考虑多方面因素,如地震的峰值加速度、持续时间、场地土性质等。如果有实际的地震记录,则是最为理想的,但是在绝大多数情况下是不可能得到这种记录的。由于缺乏实际的地震记录和地震危险性概率分析报告,因此本书选用比较著名的天津波作为地震输入,相当于烈度为 7 度的地震动作用。天津波记录时长为 5 s,时间间隔为 0.01 s,从记录值中每 0.1 s 取 1 个值,一共取 50 个值,按照规范要求对加速度峰值调幅,然后分析对边简支对边固支平顶四坡折板结构在水平和竖向地震作用下的力学性能。地震波输入参数见附录。

5.6.3　地震波瞬态分析结果

本书主要针对两种不同厚度的对边简支对边固支平顶四坡折板结构进行分析研究,分析其关键部位的几个节点在地震载荷作用下的应力和位移的变化。

(1)3 mm 厚的平顶四坡折板结构受水平和竖向地震波作用,对其在 5 s 这一时刻关键部位的应力和位移进行整理分析 (见表5-7、表5-8)。

表5-7　3 mm 厚平顶四坡折板结构在地震波作用下的应力反应值

部位	σ_x/MPa	σ_y/MPa	σ_z/MPa	等效应力/MPa
顶板角点处	322.03	333.19	22.432	322.25
短边中心处	−382.43	−266.77	−61.189	386.81
长边中心处	−87.786	−181.43	−29.028	196.36
短边与长边交接处	196.29	148.62	22.350	227.70

表5-8　3 mm 厚平顶四坡折板结构在地震波作用下的位移反应值

部位	U_x/m	U_y/m	U_z/m	总位移/m
顶板角点处	−0.232 94×10⁻⁴	−0.231 91×10⁻⁵	−0.337 23×10⁻⁴	0.410 5×10⁻⁴
短边中心处	−0.105 15×10⁻³	−0.729 58×10⁻⁶	−0.268 57×10⁻³	0.288 4×10⁻³
长边中心处	−0.158 14×10⁻⁴	0.282 93×10⁻⁴	−0.891 77×10⁻⁴	0.948 8×10⁻⁴
短边与长边交接处	−0.195 49×10⁻⁴	−0.921 77×10⁻⁵	−0.476 44×10⁻⁴	0.523 2×10⁻⁴

3 mm 厚的对边简支对边固支平顶四坡折板结构在地震波作用下, x、y、z 方向的最大位移、应力时程曲线如图5-31~图5-36所示。

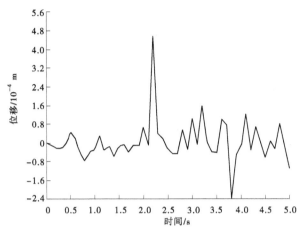

图 5-31　x 方向最大位移时程曲线

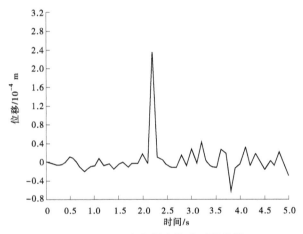

图 5-32　y 方向最大位移时程曲线

　　通过对以上计算结果进行分析,可观察到在短边中心处的位置所产生的等效应力最大,其值为 $\sigma = 386.81$ MPa;在长边中心处产生的等效应力最小,其值为 $\sigma = 196.36$ MPa;平顶四坡折板结构受水平和竖向地震波作用下,在 5 s 这一时刻,其 x、y、z 方向产生的最大位移值分别为 $U_x = -0.105\ 15 \times 10^{-3}$ m、$U_y = 0.282\ 93 \times 10^{-4}$ m、$U_z = -0.268\ 57 \times 10^{-3}$

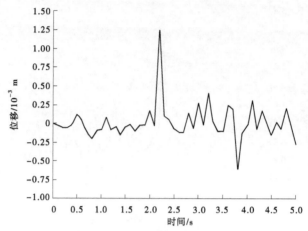

图 5-33 z 方向最大位移时程曲线

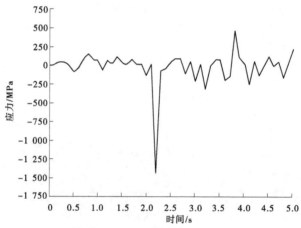

图 5-34 x 方向最大应力时程曲线

m,同时均在 2.2 s 这一时刻发生很大的变化。而在 x、y、z 方向产生的最大应力和最小应力也均在顶板角点处和短边中心处,其值分别为 σ_{xmax} = 322.03 MPa、σ_{xmin} = -382.43 MPa,σ_{ymax} = 333.19 MPa、σ_{ymin} = -266.77 MPa,σ_{zmax} = 22.432 MPa、σ_{zmin} = -61.189 MPa。因为折板结构在短边中心处产生的等效应力最大,在长边中心处产生的等效应力

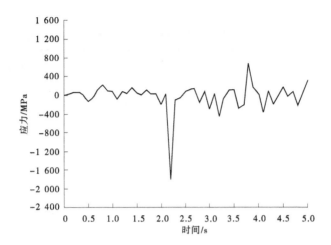

图 5-35　*y* 方向最大应力时程曲线

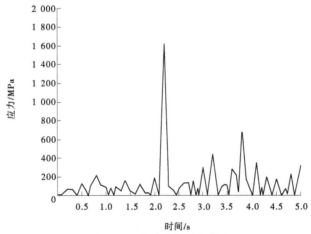

图 5-36　等效应力时程曲线

最小,所以在实际工程中,应对平顶四坡折板结构短边采取合理的措施以满足抗震设计的要求。

(2)4 mm 厚的平顶四坡折板结构受水平和竖向地震波作用,对其在 5 s 这一时刻关键部位的最大应力和最大位移进行整理分析

（见表5-9、表5-10）。

表5-9 4 mm厚平顶四坡折板结构在地震波作用下的应力反应值

部位	σ_x/MPa	σ_y/MPa	σ_z/MPa	等效应力/MPa
顶板角点处	320.68	330.80	22.318	320.38
短边中心处	−382.54	−267.51	−61.206	386.79
长边中心处	−88.105	−181.42	−29.027	196.31
短边与长边交接处	196.59	148.95	22.406	227.53

表5-10 4 mm厚平顶四坡折板结构在地震波作用下的位移反应值

部位	U_x/m	U_y/m	U_z/m	总位移/m
顶板角点处	−0.213 02×10⁻⁴	−0.212 92×10⁻⁵	−0.308 20×10⁻⁴	0.455 88×10⁻⁴
短边中心处	−0.959 83×10⁻⁴	−0.605 79×10⁻⁶	−0.245 13×10⁻³	2.632 52×10⁻⁴
长边中心处	−0.144 72×10⁻⁴	0.258 14×10⁻⁴	−0.813 71×10⁻⁴	0.865 85×10⁻⁴
短边与长边交接处	−0.178 70×10⁻⁴	−0.841 77×10⁻⁵	−0.435 25×10⁻⁴	0.477 98×10⁻⁴

4 mm厚的对边简支对边固支平顶四坡折板结构在地震波作用下，x、y、z方向的最大位移、应力时程曲线如图5-37~图5-42所示。

通过对以上计算结果进行分析，可以看出折板结构在x、y、z方向产生的最大应力和最小应力大都在顶板角点处和短边中心处，其值分别为$\sigma_{xmax}=320.68$ MPa、$\sigma_{xmin}=-382.54$ MPa，$\sigma_{ymax}=330.80$ MPa、$\sigma_{ymin}=-267.51$ MPa，$\sigma_{zmax}=22.406$ MPa、$\sigma_{zmin}=-61.206$ MPa。在短边中心处所产生的等效应力最大，其值为$\sigma=386.79$ MPa；在长边中心处产生的等效应力最小，其值为$\sigma=196.31$ MPa；x、y、z方向受水平和竖向地震波作用，在5 s这一时刻产生的最大位移分别为$U_x=-0.959\ 83\times10^{-4}$

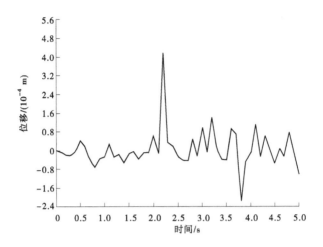

图 5-37　x 方向最大位移时程曲线

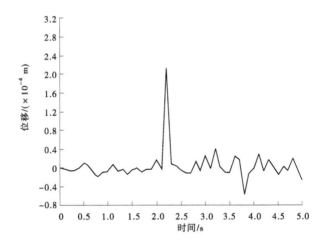

图 5-38　y 方向最大位移时程曲线

m、$U_y = 0.258\ 14 \times 10^{-4}$ m、$U_z = -0.245\ 13 \times 10^{-3}$ m，同时都在 2.2 s 这一时刻发生很大的变化。折板结构在短边中心处产生的位移最大，在长边中心处产生的位移最小。

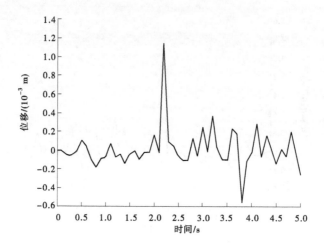

图 5-39　z 方向最大位移时程曲线

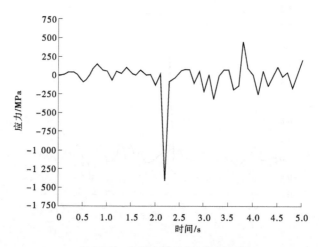

图 5-40　x 方向最大应力时程曲线

　　对 3 mm 和 4 mm 两种不同厚度的平顶四坡折板结构在水平和竖向地震波作用下的应力和位移进行分析,可观察两种不同厚度的平顶四坡折板结构在 x、y、z 方向产生的最大位移和应力位置均相同;等效

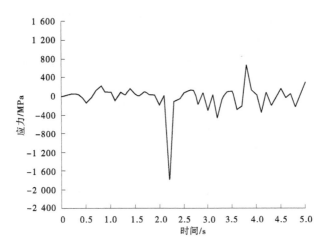

图 5-41　y 方向最大应力时程曲线

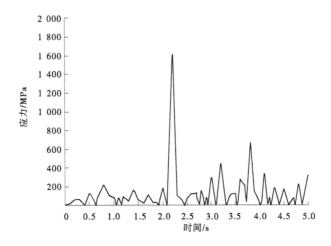

图 5-42　等效应力时程曲线

应力最大值大都发生在顶板角点处、最小值发生在长边中心处,最大位
移发生在短边中心处;同时两种不同厚度的平顶四坡折板结构在受水
平和竖向地震作用下最大位移和最大应力均在 2.2 s 这一时刻发生很

大的变化。但是,3 mm 厚的平顶四坡折板结构产生的等效应力及最大位移均大于 4 mm 厚的平顶四坡折板结构所产生的等效应力和最大位移,故在以后的工程实际中,可考虑采取厚度大一点的折板结构,其受力效果要好一些,在进行抗震设计时要对折板结构的短边部位和梯形板的交接处位置采取合理的措施以满足抗震设计要求。

以上对平顶四坡折板结构在对边简支对边固支的边界条件下受地震波作用的力学性能变化进行了初步的探讨,计算结果基本上能够真实反映折板结构在地震波作用下的受力和变形,但由于地震作用比较复杂,对于本书的更深一步结论还需建立在大量计算的基础上,有待于进一步的完善。

5.7　本章小结

(1)阐述折板结构有限元法的基本思想和基本步骤。有限元法按照所求解的未知量不同,分为位移法、力法和混合法。其中,以节点位移为未知量的有限元法,也就是位移有限元法,在工程结构中应用最为广泛。

(2)对板壳单元中的薄膜应力、总应力、位移模式、应力方向、节点应力的平滑处理方面进行简单的介绍。

(3)介绍 ANSYS 及其在平顶四坡折板结构受力分析中的应用,采用 ANSYS 有限元软件进行建模,本书主要选用 SHELL63 单元模拟有机玻璃板,通过逐级加载研究分析对边简支对边固支平顶四坡折板结构的力学性能,观测平顶四坡折板结构顶板位移、应力和应变的变化和规律,对其计算结果进行分析和整理。

(4)分析对边简支对边固支平顶四坡折板结构在受水平和竖向地震波作用下的力学性能,使用 ANSYS 动力分析方法中的瞬态动力学分析技术进行求解,研究对边简支对边固支平顶四坡折板结构的应力和位移的变化。

(5)计算结果分析表明:两种不同厚度的折板结构在受水平和竖向地震作用下,其 x、y、z 方向产生的最大位移和应力的位置大都相同,并且均在 2.2 s 这一时刻发生很大的变化;其中,厚度越大的折板结构,其位移和应力越小。在以后的实际工程中可考虑采用厚度大的折板结构,在设计施工方面可着重对平顶四坡折板结构的梯形板交接处和短边处采取合理的措施以满足抗震设计的要求。

(6)使用大型通用的 ANSYS 有限元分析软件可以在地震波分析中提取模型中任意一点的动力响应,能够使分析人员找到平顶四坡折板结构的薄弱部位并予以加强,能为平顶四坡折板结构在地震波作用下的安全提供保障,为平顶四坡折板结构的地震破坏机制的研究打下基础,将对以后的抗震设计工作提供有益的指导。

第 6 章　静载试验结果与 ANSYS 有限元计算结果对比分析

本书主要对平顶四坡折板结构静载试验的计算结果与 ANSYS 有限元计算结果进行对比分析,分别对两种不同厚度的平顶四坡折板结构在 50~300 N 荷载作用下,1—1、2—2、3—3 截面试验所测位移、应力应变结果与模型计算结果进行对比。

6.1　顶板位移试验值与 ANSYS 有限元计算值对比

3 mm 厚的平顶四坡折板结构在 50~300 N 逐级加载时,顶板位移试验值与 ANSYS 有限元计算值对比结果如图 6-1 所示。

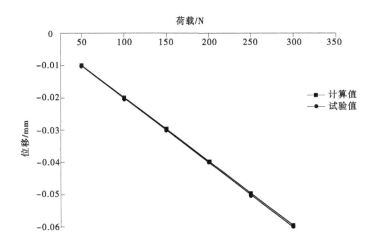

图 6-1　顶板位移试验值与计算值对比(3 mm 厚)

4 mm 厚的平顶四坡折板结构在 50~300 N 逐级加载时顶板位移试验值与计算值对比结果如图 6-2 所示。

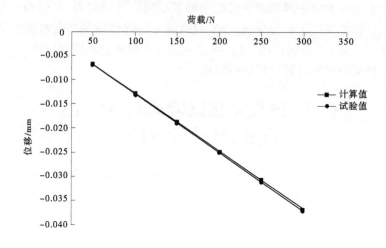

图 6-2　顶板位移试验值与计算值对比（4 mm 厚）

通过对比,发现两种不同厚度的平顶四坡折板在试验中所测得的数据与 ANSYS 建模计算所得的数据相差不多,说明试验结果是有意义的,试验是成功的。由图 6-1、图 6-2 可以看出,平顶四坡折板结构在逐级加载作用下,顶板的位移与荷载线性关系良好,随着加载力的不断增大,顶板的位移也逐渐增大;不同厚度的有机玻璃模型在相同荷载作用下,厚度越大,则顶板位移就越小。

6.2　特殊截面应力试验值与 ANSYS 有限元计算值对比

3 mm 厚的平顶四坡折板结构在 300 N 荷载作用下,1—1、2—2、3—3 截面所测应力值和 ANSYS 有限元计算值对比结果如图 6-3～图 6-8 所示。

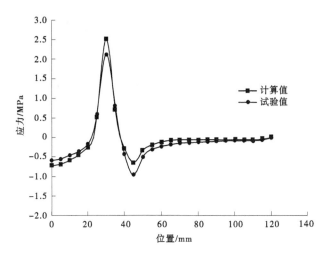

图 6-3　1—1 截面上的 σ_x

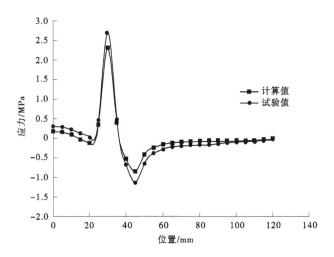

图 6-4　1—1 截面上的 σ_y

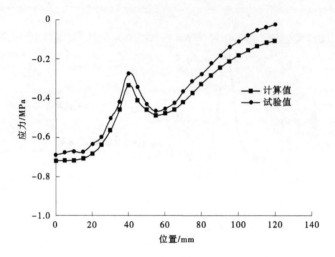

图 6-5 2—2 截面上的 σ_x

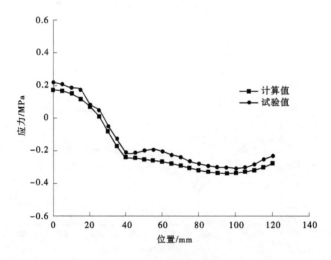

图 6-6 2—2 截面上的 σ_y

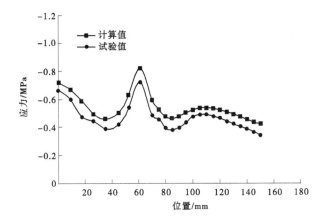

图 6-7　3—3 截面上的 σ_x

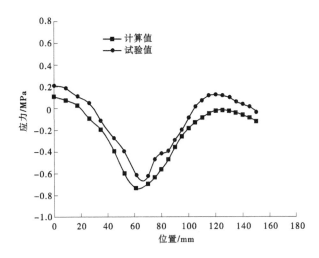

图 6-8　3—3 截面上的 σ_y

4 mm 厚的平顶四坡折板结构在 300 N 荷载作用下，1—1、2—2、3—3 截面所测应力值和计算值对比结果如图 6-9~图 6-14 所示。

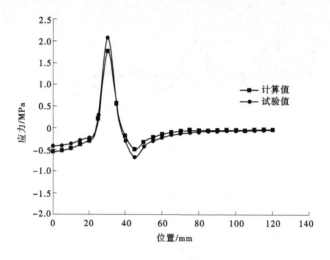

图 6-9　1—1 截面上的 σ_x

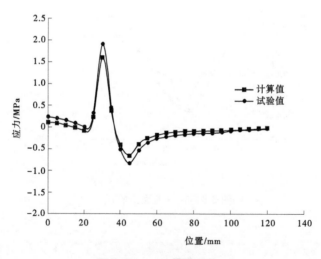

图 6-10　1—1 截面上的 σ_y

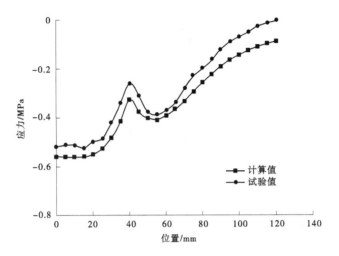

图 6-11　2—2 截面上的 σ_x

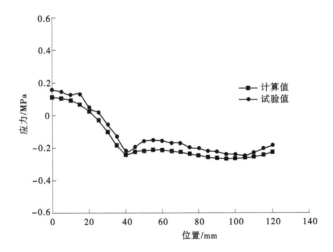

图 6-12　2—2 截面上的 σ_y

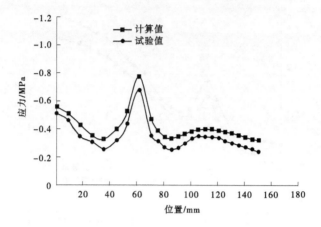

图 6-13　3—3 截面上的 σ_x

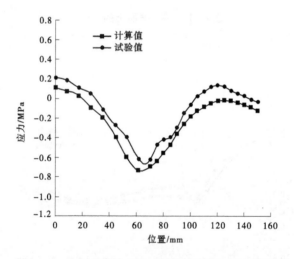

图 6-14　3—3 截面上的 σ_y

通过分析比较可以看出,折板结构模型试验结果与有限元计算结果基本一致。根据以上两种不同厚度折板结构的 3 个截面的应力值比较,可明显观察到折板结构厚度无论是 3 mm 还是 4 mm,沿 x、y 方向的最大应力值出现位置均相同,而且应力最大值发生在折板结构的板与板之间的交接处部位。其中,由于受集中荷载的作用,1—1 截面上的应力要比其他两个截面的应力大很多,在平顶四坡折板顶板与坡面板交接顶角处的位置,位移和应力值很大,故该截面即为结构破坏的危险截面,在实际工程中应针对该截面做特殊处理,比如可以在该截面施加加筋肋来增强该截面的强度,以防止截面破坏。

6.3　不同厚度的对边简支对边固支平顶四坡折板结构应力值对比

3 mm 厚和 4 mm 厚的平顶四坡折板结构在 300 N 荷载作用下,1—1、2—2、3—3 截面应力值对比结果如图 6-15~图 6-20 所示。

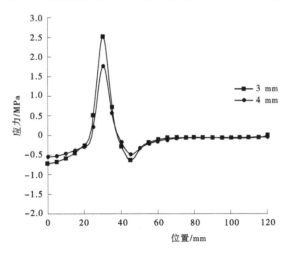

图 6-15　1—1 截面上的 σ_x

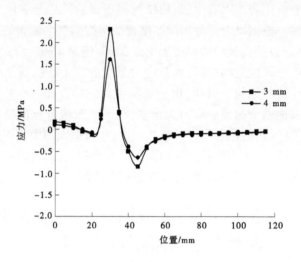

图 6-16　1—1 截面上的 σ_y

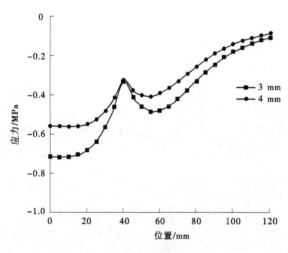

图 6-17　2—2 截面上的 σ_x

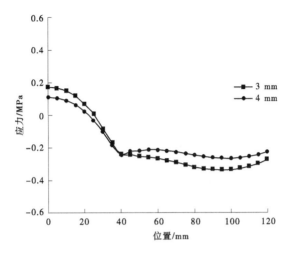

图 6-18　2—2 截面上的 σ_y

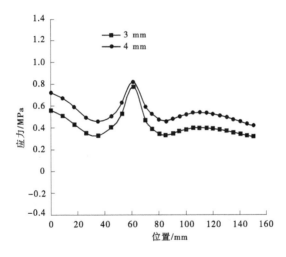

图 6-19　3—3 截面上的 σ_x

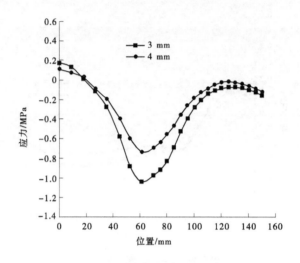

图 6-20　3—3 截面上的 σ_y

　　通过对两种不同厚度的平顶四坡折板结构 1—1、2—2、3—3 截面在受荷载为 300 N 的作用下应力-位置关系进行比较,可以看出:

　　(1)在 1—1 截面中,折板结构厚度无论是 3 mm 还是 4 mm,沿 x、y 方向的最大应力均出现在 $x = 52.5$ mm、$y = 30$ mm 处。当厚度为 3 mm 时,沿 x 方向的最大应力为 2.516 90 MPa,沿 y 方向的最大应力为 2.309 2 MPa;当厚度为 4 mm 时,沿 x 方向的最大应力为 1.768 6 MPa,沿 y 方向的最大应力为 1.611 8 MPa。

　　(2)在 2—2 截面中,折板结构厚度无论是 3 mm 还是 4 mm,沿 x、y 方向的最大应力均出现在 $x = 0$ mm、$y = 0$ mm 处。当厚度为 3 mm 时,沿 x 方向的最大应力为 -0.717 76 MPa,沿 y 方向的最大应力为 0.174 1 MPa;当厚度为 4 mm 时,沿 x 方向的最大应力为 -0.559 13 MPa,沿 y 方向的最大应力为 0.109 22 MPa。

　　(3)在 3—3 截面中,折板结构厚度无论是 3 mm 还是 4 mm,沿 x、y 方向的最大应力均出现在 $x = 61.25$ mm、$y = 0$ mm 处。当厚度为 3 mm 时,沿 x 方向的最大应力为 -0.072 02 MPa,沿 y 方向的最大应力为

-1.036 9 MPa；当厚度为 4 mm 时，沿 x 方向的最大应力为-0.056 54 MPa，沿 y 方向的最大应力为-0.732 47 MPa。

通过以上图形及数据的比较，可以很明显地看出 3 mm 和 4 mm 的折板结构应力曲线变化规律趋于一致，但是 3 mm 厚的折板结构计算图形在应力最大处的值比 4 mm 厚的折板结构的应力最大值变化要大，4 mm 厚的折板结构的应力曲线更趋于线性，更平滑一些，建议在以后的工程应用中采用厚度大一点的折板结构。

6.4　本章小结

分别对不同厚度的平顶四坡折板结构在 50~300 N 荷载作用下，1—1、2—2、3—3 截面试验所测位移、应力应变结果与模型计算结果进行对比。

(1)通过顶板位移试验值与计算值对比，可以得出试验是成功的，可信度高。平顶四坡折板结构在逐级加载的作用下，顶板的位移与荷载线性关系良好。随着加载力的不断增大，顶板的位移也逐渐增大。不同厚度的有机玻璃模型在相同荷载作用下，厚度越大，顶板位移就越小。

(2)通过对两种不同厚度的平顶四坡折板结构计算值与试验值进行对比，可以明显观察到，无论平顶四坡折板结构厚度是 3 mm 还是 4 mm，沿 x、y 方向的最大应力均发生在相同位置，并且在 1—1 截面上的应力比其他两个截面的应力要大很多，即为结构破坏的危险截面。在实际工程中应针对该截面做特殊处理，可以在该截面施加加筋肋来增强该截面的强度，以防止截面破坏。

(3)通过对不同厚度的平顶四坡折板结构应力值进行比较，可以发现，厚度为 3 mm 和 4 mm 的平顶四坡折板结构应力曲线变化规律基本趋于一致，但是 3 mm 厚的折板结构的应力最大值比 4 mm 厚的折板结构的应力最大值变化要大，4 mm 厚的折板结构的应力曲线更趋于线性，更为平滑。

第 7 章　结论和展望

7.1　结　论

本书进行了 4 个有机玻璃平顶四坡折板结构的静载模型试验,研究在边界条件为对边简支对边固支的条件下平顶四坡折板结构受静载作用时的力学性能。通过对模型结构在弹塑性范围内的逐级加载,从材料的应变、挠度两方面进行分析。同时,对平顶四坡折板结构在受地震波作用下的力学性能变化进行了简单探讨。通过对试验数据的整理和理论计算的分析,可得出以下结论:

(1)在试验中,采用有机玻璃作为模型材料,可以使折板结构模型较好地进行工作,其承载能力能够达到设计强度要求。同时,采用电测法对有机玻璃的弹性模量 E 和泊松比 μ 进行测定,其在材料弹性范围内,测得相应载荷下的弹性应变 ε,计算出弹性模量 E 和泊松比 μ,验证了材料在比例极限内服从虎克定律。

(2)实践证明,使用 MTS 810 Material Test System 加载装置能够准确地控制加载过程中施加力的大小,在加载力保持不变的条件下可以有效控制加载位移的大小,在加载过程中实现了重复静力加载,此种加载方式是可行的。试验采用逐级加荷载的方法,结构的位移和应变基本趋于线性,试验分析结果与理论计算结果之间的误差也主要出现在加荷载的位置、约束条件以及粘胶材料等方面,但这些因素并不影响线性理论的适用性。

(3)在静载试验加载过程中,随着加载力的不断增大,顶板的位移也逐渐增大。不同厚度的有机玻璃模型在相同荷载作用下,厚度越大,顶板位移就越小。不同厚度的平顶四坡折板结构应力曲线变化规律基本趋于一致,但厚度小的折板结构,其应力值要比厚度大的折板结构应力值大很多,厚度大的折板结构的应力曲线更趋于线性,更为平滑。

(4)通过计算结果分析,可得出在平顶四坡折板结构中两块梯形板交接处的应力要比其他部位的应力大很多,故将此截面确定为破坏危险截面。由于有机玻璃板在承受较高荷载时,会发生黏结剂和有机玻璃剥离破坏,使有机玻璃的高强度材料特性不能充分发挥,因此在以后进行模型试验时,应采用性能更好的黏结剂。在试验进行卸载以后有机玻璃板没有残余应力,这与有机玻璃弹性特性有关。

(5)在整个静力破坏过程中,整体结构表现出良好的延性;根据理论计算和试验结果分析的比较,验证了所采用的结构静力分析模型是适用的;从工程结构模型试验结果去验证理论计算的正确性,可为工程结构设计人员提供参考。

(6)两种不同厚度的对边简支对边固支平顶四坡折板结构在受水平和竖向地震波作用下,通过计算分析可发现:两种不同厚度的折板结构在受水平和竖向地震作用下,其 x、y、z 方向产生的最大位移和最大应力的位置均相同,并且均在 2.2 s 这一时刻发生很大的变化;其中,厚度越大的折板结构,其位移和应力越小。故在以后的工程实际中,可考虑采取厚度大一点的折板结构,其受力效果要好一些,在进行抗震设计时,要对折板结构的短边处和梯形板交接处采取合理的措施以满足抗震设计要求。同时,在进行地震波响应分析时,使用大型通用的 AN-SYS 有限元分析软件可以提取模型中任意一点的动力响应,能够使分析人员找到平顶四坡折板结构的薄弱部位并相应地予以加强,能为平顶四坡折板结构在地震波作用下的安全提供保障,为平顶四坡折板结构的地震破坏机制研究打下基础,将对以后的抗震设计工作提供有益的指导。

7.2 展 望

由于用折板结构进行试验设计及对其在实施中不足的研究、用有限元对结构进行分析计算在我国起步都较晚,还有很多问题需要解决,结合本书研究情况,以下几方面需要进一步研究:

(1)由于试验设施和加载设备的制约,本书主要研究的是折板结构受集中荷载作用下的力学性能,在实际结构设计中存在大量其他形式的荷载问题,应完善多种复合荷载作用下的力学性能研究。

(2)在进行模型制作时,由于完全由手工加工成型,结构所成特殊角度难以保证完全精确;加工过程也比较费时、费力,所以模型数量有限。

（3）在进行有限元模拟时，未考虑加载方式的多样性、接缝处理、局部受力的影响。

（4）本书主要针对折板结构模型力学性能进行初步的研究，工程实际中，结构常常发生剪切动破坏，此时结构正截面强度尚未全部发挥出来，这种破坏是很突然的，有很大的危害性。为了避免结构发生剪切动破坏，有待研究结构的抗剪动性能，研究影响折板结构动荷载因素作用下的各种性能。

（5）研究如何计算多种荷载作用下的变形、挠度等。

（6）进行折板结构在恶劣环境中的性能研究。

（7）进一步研究在较高静、动荷载上限时折板结构受动力性能，要求有一定的数量，而且了解折板结构动荷载的破坏形态。

（8）进行折板结构在受到温度荷载时对结构的影响研究。

参考文献

[1] 完海鹰,黄炳生. 大跨度空间结构[M]. 北京:中国建筑工业出版社,2008.

[2] 董石麟,邢栋,赵阳. 大跨度空间结构在中国的发展与应用[J]. 空间结构,2012,11(4):3-16.

[3] Fuller Moore. 结构系统概论[M]. 赵梦琳,译. 沈阳:辽宁科学技术出版社,2001.

[4] 杨伟峰. 折板结构的结构与造型[D]. 哈尔滨:哈尔滨工程大学,2005.

[5] 杨嵘. 折板结构简介[J]. 建筑结构学报,1988(6):76-77.

[6] 赖远明,王起才,孙爱良. 简支交叉 V 形折板屋盖的内力和挠度[J]. 计算力学学报,1997(4):103-109.

[7] 刘开国. 一种新型大跨度空间结构:伞状折网架的研究(上)[J]. 空间结构,1998(1):37-44.

[8] 刘开国. 一种新型大跨度空间结构:伞状折网架的研究(下)[J]. 空间结构,1998(2):41-42.

[9] 贾乃文,周楚荣. 拱型变厚度折板结构的内力分析[J]. 空间结构,2000(4):36-40.

[10] 杜岳明,贾乃文. 各向异性拱型折板结构的分析[J]. 空间结构,2002(3):57-63.

[11] 夏志弘,贾乃文. 拱型折板结构的塑性极限分析[J]. 空间结构,2003(2):29-31.

[12] 蒋祖香. 变位法计算折板结构[J]. 土木工程学报,1963(5):1-14.

[13] 彭林欣. 折板结构非线性弯曲分析的移动最小二乘无网格法[J]. 工程力学,2011,28(12):126-132.

[14] 郭鹏,凌霄,郭振永. 预应力混凝土 V 形折板组合梁屋盖设计中的受力分析[J]. 成组技术与生产现代化,2020,37(1):55-58.

［15］陈泽赳. 直接分析法在某空间折板结构中的应用［J］. 佳木斯大学学报(自然科学版),2020,38(4):30-35.

［16］姚守涛,程涵森,翟鹏超,等. 悬挑式 CLT 空间折板屋盖体系施工技术［J］. 建筑施工,2024,46(7):1031-1034.

［17］章海亮,胡阳鸣,罗伟峰,等. 结合灵敏度分析的圆锥壳-折板结构动力学研究［J］. 动力学与控制学报,2024,22(3):56-61.

［18］周家伟,董石麟. 折板形锥面网壳的建筑造型、结构形式和受力特性［J］. 空间结构,2001(1):34-43.

［19］刘彩,张华刚,姜岚,等. 拟球面三角形网格密肋折板壳的动力特性分析［J］. 贵州大学学报(自然科学版),2015,32(6):108-111.

［20］张连飞. 多面体空间折板结构的动力性能分析［J］. 低碳世界,2017(5):147-148.

［21］赵宪忠,闫伸,陈以一,等. 沈阳文化艺术中心单层折板空间网格结构整体模型试验研究［J］. 建筑结构学报,2017,38(1):42-51.

［22］朱锐,张华刚,陈寿延,等. 斜放网格棱柱面密肋折板网壳的动力特性分析［J］. 贵州大学学报(自然科学版),2019,36(6):83-91.

［23］姜腾钊,张华刚,魏威,等. 行波效应下混凝土 V 形折板网壳地震响应分析［J］. 广西大学学报(自然科学版),2021,46(3):517-525.

［24］Goldberg J E,Leve H L. Theory of prismatic folded plate structures［J］. International Association for Bridge and Structural Engineering,1957(17):59-86.

［25］Guha-Niyogi A,Laha M K,Sinha P K. Finite element vibration analysis of laminated composite folded plate structures［J］. Shock and Vibration,1999,6(5/6):273-283.

［26］Bandyopadhyay J N,Laad P K. CoMParative analysis of folded plate structures［J］. Computers & Structures,1990,36(2):291-296.

［27］Baryoseph P,Herskovitzi. Analysis of folded plate structures［J］. Thin-Walled Structures,1989(7):139-158.

［28］Milašinović D D,Bursać S. Nonlinear analysis of folded-plate structures by harmonic coupled finite strip method and rheological-dynamical analogy[J]. Mechanics of Advanced Materials and Structures,2022,29(26):5191-5206.

[29] 赖远明. 简支平顶四坡折板屋盖的内力和挠度[J]. 土木工程学报,1995(1):33-39.

[30] 刘炳涛,史青芬. 平顶四坡折板结构在温度荷载作用下应力应变试验研究[J]. 常州工学院学报,2012,25(3):5-11.

[31] 刘炳涛,史青芬. 平顶四坡折板结构在温度荷载作用下顶板位移试验研究[J]. 常州工学院学报,2011,24(2):20-23.

[32] 干惟. 建筑结构选型[M]. 北京:中国水利水电出版社,2012.

[33] 成祥生. 应用板壳理论[M]. 山东:山东科学技术出版社,1989.

[34] 徐芝纶. 弹性力学[M]. 北京:高等教育出版社,1979.

[35] 张曙光. 土木工程结构试验[M]. 武汉:武汉理工大学出版社,2022.

[36] 王天稳. 土木工程结构试验[M]. 武汉:武汉大学出版社,2014.

[37] 周安. 土木工程结构试验与检测[M]. 武汉:武汉大学出版社,2013.

[38] 王娴明. 建筑结构试验[M]. 北京:清华大学出版社,1988.

[39] 潘少川,刘耀乙,钱浩生. 试验应力分析[M]. 北京:高等教育出版社,1988.

[40] Mesbah A,Belabed Z,Amara K,et al. Formulation and evaluation a finite element model for free vibration and buckling behaviours of functionally graded porous (FGP)beams[J]. Structural Engineering and Mechanics,2023,86(3):291-309.

[41] Xia L Q,Wang R Q,Chen G,et al. The finite element method for dynamics of FG porous truncated conical panels reinforced with graphene platelets based on the 3-D elasticity[J]. Advances in Nano Research,2023,14(4):375-389.

[42] Katiyar K,Gupta A,Tounsi A. Microstructural/geometric imperfection sensitivity on the vibration response of geometrically discontinuous

bi-directional functionally graded plates （2D-FGPs） with partial supports by using FEM[J]. Steel and Composite Structures,2022,45 (5):621-640.

[43] Vinh P V,Chinh N V,Tounsi A. Static bending and buckling analysis of bi-directional functionally graded porous plates using an improved first-order shear deformation theory and FEM[J]. European Journal of Mechanics-A/Solids,2022(96):104743.

[44] 梁醒培,王辉. 应用有限元分析[M]. 北京:清华大学出版社,2010.

[45] 薛素铎,赵均,高向宇. 建筑抗震设计[M]. 北京:科学出版社,2003.

[46] 王新敏. ANSYS 工程结构数值分析[M]. 北京:人民交通出版社,2007.

[47] 李围. ANSYS 土木工程应用实例[M]. 北京:中国水利水电出版社,2007.

[48] 李国强,李杰,陈素文,等.建筑结构抗震设计[M].北京:中国建筑工业出版社,2023.

[49] 韩强,黄小清.高等板壳理论[M].北京:科学出版社,2002.

[50] 杨耀乾.薄壳理论[M].北京:中国铁道出版社,1981.

[51] 秦荣.计算结构力学[M].北京:科学出版社,2001.

[52] 梁昆森.数学物理方法[M].北京:人民教育出版社,1978.

[53] 吴连元.板壳理论[M].上海:上海交通大学出版社,1989.

[54] 龙驭球.用力法计算折板结构[J].土木工程学报,1964(3):27-31.

[55] 陈伏.用能量变分法计算折板结构[J].土木工程学报,1964(3):19-26.

[56] 李忠献.工程结构试验理论与技术[M].天津:天津大学出版社,2004.

[57] 林皋,朱彤,林蓓.结构动力模型试验的相似技巧[J].大连理工大学学报,2000,40(1):18-20.

［58］崔恒忠,曹资,刘景园,等. 可展开折叠式空间结构模型试验研究［J］. 空间结构, 1997(1):43-47.

［59］张勇,刘锡良,王元清,等.金属拱型波纹屋盖结构足尺模型试验研究［J］.土木工程学报,2003,36(2):26-32.

［60］宋逸先.实验力学基础［M］.北京:水利电力出版社,1987.

［61］陈建华.实验应力分析［M］.北京:中国铁道出版社,1984.

［62］赵清澄,石沅.实验应力分析［M］.北京:科学出版社,1987.

［63］董文堂,邹东峰.对边固支对边自由板壳大翘曲变形的半解析解法［J］.工业建筑,2000,30(6):31-33.

［64］陈家瑾. 四边固支球面扁壳的振动解析法［J］. 工程力学,1993(2):61-71.

［65］钟阳,殷建华.两对边固支另两对边自由弹性矩形薄板理论解［J］.重庆建筑大学学报,2005,2(6):29-32.

［66］丁克伟.对边固支对边简支强厚度开口柱壳的精确解［J］. 安徽建筑工业学院学报,1995,3(1):15-21.

［67］王秀丽,李晓飞,薛晓峰.辐射式张弦梁结构自振特性和地震响应分析［J］.空间结构,2010,16(1):24-28.

［68］张文福,巨秀丽,王爱芳,等. 均布荷载作用下V形折板的稳定性计算［J］. 大庆石油学院学报,2007(2):62-64,127-128.

［69］林元坤.全折板建筑结构体系［J］.建筑结构学报,1981(2):23-33.

［70］王心田.建筑结构体系与选型［M］.上海:同济大学出版社,2003.

［71］魏艳辉,刘卓群,刘彩,等.空间网格单层折板结构的极限承载力分析［J］.山西建筑,2015,41(25):37-39.

［72］Zhang J,Li L. Free vibration of functionally graded graphene platelets reinforced composite porous L-shaped folded plate ［J］. Engineering Structures, 2023, 297:116977.

［73］Basu D, Pramanik S, Das S, et al. Finite element free vibration analysis of functionally graded folded plates ［J］. Iranian Journal of Science and Technology, Transactions of Mechanical Engineering,

2023, 47(2):697-716.

[74] Javani M, Kiani Y, Eslami M R. On the free vibrations of FG-GPL-RC folded plates using GDQE procedure [J]. Composite Structures, 2022, 286, 115273.

[75] Lu B, Lu W, Li H, et al. Mechanical behavior of V-shaped timber folded-plate structure joints reinforced with self-tapping screws [J]. Journal of Building Engineering, 2022, 45:103617.

[76] Thakur B R, Verma S, Singh B N, et al. Dynamic analysis of flat and folded laminated composite plates under hygrothermal environment using a nonpolynomial shear deformation theory [J]. Composite Structures, 2021, 274:114327.

[77] Turk K, Katlav M, Turgut P. Effect of rebar arrangements on the structural behavior of RC folded plates manufactured from hybrid steel fiber-reinforced SCC [J]. Journal of Building Engineering, 2024, 84:108680.

[78] 吴晓莉,张巍,李慧鑫,等. 折板拱形隧道混凝土结构温度应力非线性分析[J]. 防灾减灾工程学报,2013,33(4):399-404.

[79] 丁旭,喻涛,谢彬. 新型折板式空腹拟扁网壳动力特性分析[J]. 中国水运,2023,23(2):138-139.

[80] 王德玲,沈疆海,张系斌. ANSYS 在结构动力分析学和工程抗震教学中的应用[J]. 水利与建筑工程学报,2010,8(1):39-41.

[81] 梅迁,曲宏略,黄雪,等. 地震波传播特性研究综述[J]. 工程建设与设计,2020(4): 10-12.

附表　地震波输入参数

天津波记录		修正后输入值	
时间/s	竖向加速度/ （cm/s²）	水平加速度/ （cm/s²）	竖向加速度/ （cm/s²）
1.000E−01	0.000E+00	2.597E−02	1.298E−02
2.000E−01	1.600E+00	1.065E−01	5.323E−02
3.000E−01	6.560E+00	1.134E−01	5.672E−02
4.000E−01	6.990E+00	2.142E−02	1.071E−02
5.000E−01	1.320E+00	−2.171E−01	−1.086E−01
6.000E−01	−1.338E+01	−9.088E−02	−4.544E−02
7.000E−01	−5.600E+00	2.191E−01	1.095E−01
8.000E−01	1.350E+01	3.830E−01	1.915E−01
9.000E−01	2.360E+01	1.892E−01	9.461E−02
1.000E+00	1.166E+01	1.537E−01	7.684E−02
1.100E+00	9.470E+00	−1.436E−01	−7.181E−02
1.200E+00	−8.850E+00	1.553E−01	7.765E−02
1.300E+00	9.570E+00	7.644E−02	3.822E−02
1.400E+00	4.710E+00	2.819E−01	1.409E−01
1.500E+00	1.737E+01	8.650E−02	4.325E−02
1.600E+00	5.330E+00	2.937E−02	1.469E−02
1.700E+00	1.810E+00	1.975E−01	9.875E−02

续附表

天津波记录		修正后输入值	
时间/s	竖向加速度/ (cm/s²)	水平加速度/ (cm/s²)	竖向加速度/ (cm/s²)
1. 800E+00	1. 217E+01	4. 950E-02	2. 475E-02
1. 900E+00	3. 050E+00	4. 609E-02	2. 304E-02
2. 000E+00	2. 840E+00	-3. 230E-01	-1. 615E-01
2. 100E+00	-1. 990E+01	5. 031E-02	2. 515E-02
2. 200E+00	3. 100E+00	-2. 851E-01	-2. 426E+00
2. 300E+00	-1. 757E+01	-1. 761E-01	-8. 804E-02
2. 400E+00	-1. 085E+01	-1. 056E-01	-5. 282E-02
2. 500E+00	-6. 510E+00	1. 240E-01	6. 199E-02
2. 600E+00	7. 640E+00	2. 218E-01	1. 109E-01
2. 700E+00	1. 367E+01	2. 256E-01	1. 128E-01
2. 800E+00	1. 390E+01	-2. 678E-01	-1. 339E-01
2. 900E+00	-1. 650E+01	1. 386E-01	6. 930E-02
3. 000E+00	8. 540E+00	-5. 203E-01	-2. 601E-01
3. 100E+00	-3. 206E+01	4. 560E-02	2. 280E-02
3. 200E+00	2. 810E+00	-7. 798E-01	-3. 899E-01
3. 300E+00	-4. 805E+01	-3. 473E-02	-1. 736E-02
3. 400E+00	-2. 140E+00	1. 902E-01	9. 510E-02
3. 500E+00	1. 172E+01	2. 131E-01	1. 065E-01

续附表

天津波记录		修正后输入值	
时间/s	竖向加速度/ （cm/s^2）	水平加速度/ （cm/s^2）	竖向加速度/ （cm/s^2）
3.600E+00	1.313E+01	−4.854E−01	−2.427E−01
3.700E+00	−2.991E+01	−3.686E−01	−1.843E−01
3.800E+00	−2.271E+01	1.171E+00	5.856E−01
3.900E+00	7.217E+01	2.259E−01	1.130E−01
4.000E+00	1.392E+01	6.589E−02	3.294E−02
4.100E+00	4.060E+00	−5.975E−01	−2.988E−01
4.200E+00	−3.682E+01	1.457E−01	7.287E−02
4.300E+00	8.980E+00	−3.363E−01	−1.681E−01
4.400E+00	−2.072E+01	−4.106E−02	−2.053E−02
4.500E+00	−2.530E+00	2.952E−01	1.476E−01
4.600E+00	1.819E+01	−3.781E−02	−1.891E−02
4.700E+00	−2.330E+00	1.394E−01	6.743E−02
4.800E+00	8.310E+00	−3.978E−01	−1.989E−01
4.900E+00	−2.451E+01	1.107E−01	5.534E−02
5.000E+00	6.820E+00	5.493E−01	2.747E−01